有事法制か、平和憲法か

私たちの意思が問われている

梅田正己
Umeda Masaki

高文研

◆──もくじ

Ⅱ 平和憲法をとらえ返す

装丁＝商業デザインセンター・松田 礼一

はじめに

二〇〇二年四月一六日、小泉内閣は有事関連三法案を閣議決定、早くも二六日には国会での審議がはじまりました。

三法案のうちの一つは、「武力攻撃事態法案」といいます。「武力攻撃」とは、この私たちの国に対する攻撃をさしています。

しかしいま、どんな国が日本に武力攻撃をしかけてくるというのでしょうか。中谷防衛庁長官自身も、少なくとも三～五年ぐらいのターム（期間）では考えられない、といっているのです。

それなのに、なぜいま有事法制なのか。政府によるまともな説明はありません。小泉首相はただ、「備えあれば憂いなし」とくり返すばかりです。

今回の有事関連法案の問題点については、これにより自衛隊、さらに日本の国全体が米国の戦争行動に引き込まれていく危険性、またかつての国家総動員法によるように、医療、運輸、建設関係に従事する人々をはじめ地方自治体、企業までが戦争体制に組み込まれてゆく危険性などが指摘されています。つまり、日本がふたたび〝戦争をする国〟〝戦争ができる国〟になる、〝戦争体制国家〟になる、という指摘です。

私もまったく同じように考えています。有事とは「戦時」のことであり、有事立法とは「戦時立法」にほかならないからです。

そしてさらに、それに加えて私は、今回の有事法制関連法案を憲法との関係で見ることが重要だと考えています。何よりも平和憲法と対置させて見てゆくことによって、今回の法案の本質が明らかになる、と考えるのです。

結論だけをいえば、もし今回の三法案が成立すれば、平和憲法は決定的に変質します。その意味で、今回の有事法制関連法案の問題は、「憲法改変」の問題にほかならないのです。

現在、衆参両院に憲法調査会が設けられ、全国各地で公聴会を開いたりしています。およそ五年の期間を予定して二〇〇〇年二月から「調査」活動に入りましたから、あとまだ三年近くを残していることになります。したがって、憲法改正問題が提起されてくるのは少なくともあと三年はたってからだろうと、ふつうは考えます。

しかし事実は、憲法改正問題は、有事法制関連法案問題としてすでに国会に、つまり私たち国民の前に投げ出されているのです。

今年は日本国憲法が施行されてから五五年、その平和主義は最大の危機にさらされています。

その危機感から、私は軍事・安保問題の研究者でもなく憲法研究者でもない一書籍編集者ですが、平和憲法の生死にかかわるこの問題を、市民の目の高さでとらえ、伝えることも大事だと思い、連休返上で執筆、緊急に出版しました。

この小さな本が、有事法制関連法案のもつ本質をつかみとり、ともに危機に立ち向かおうとする人たちに役立てられることを願っております。

Ⅰ　有事法制関連三法案を読む

今回、国会に提出された有事関連法案は次の三つです。

・武力攻撃事態法案（武力攻撃事態における我が国の平和を独立並びに国及び国民の安全の確保に関する法律案）

・安全保障会議設置法改正案

・自衛隊法改正案

この三つの法案の関係は、次のページに示した図のようになります。つまり、「武力攻撃事態」が発生すると、まず総理大臣を議長とする安全保障会議がそれに対処する基本方針を策定し、それを受けて閣議で基本方針を決定、それにもとづいて総理大臣が自衛隊に対して防衛出動を、あるいは防衛庁長官が出動待機命令ないしは陣地など防御施設の構築

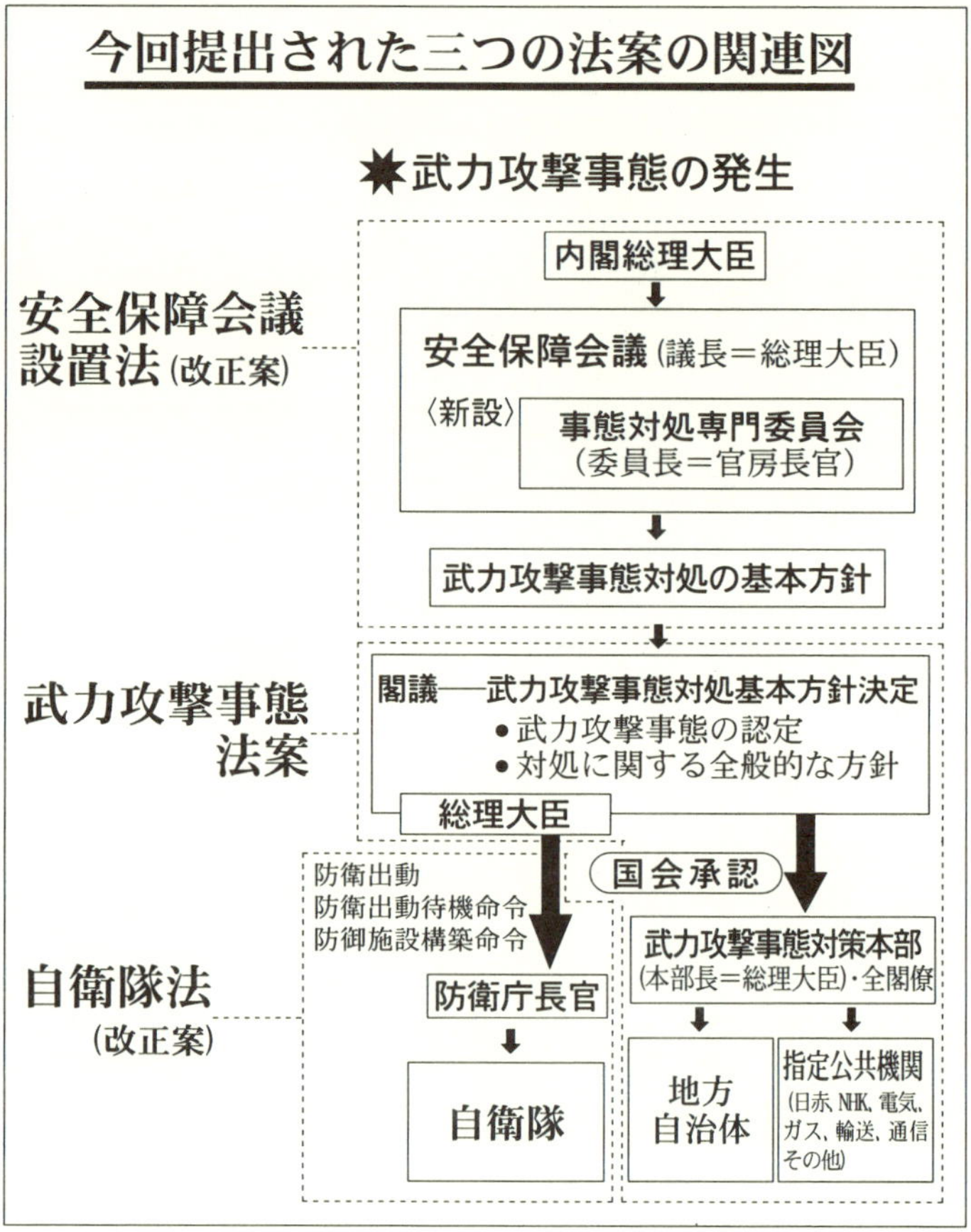

開始の指令を下す一方、内閣に総理大臣を本部長とする対策本部を設置して地方自治体や関係機関に協力を要請してゆくというのです。図でもわかるように、総理大臣を頂点に、全体が動いていく構図になっています。

三法案の全文は、新聞にして全二ページを費やすほどの分量になります。法律の素人にはきわめて読み取りにくいのですが、とにかく法案そのものの検討を抜きにはできませんので、そのポイントを見ていくことにします。法案の全文は巻末に「資料」として掲載していますので、時にそれを参照しながら読みすすめてください。

1　武力攻撃事態法案

✣日本で唯一「武力攻撃」を受ける可能性があるのは

武力攻撃事態法案は、他の二つが改正案であるのに対して、今回新たにつくられた法案です。次の三章から構成されます。

第一章　総則
第二章　武力攻撃事態への対処のための手続き等
第三章　武力攻撃事態への対処に関する法制の整備

総則で注目しなくてはならないのは「定義」です。次のように書かれています。

一、「武力攻撃」とは、我が国に対する外部からの攻撃をいう。
一、「武力攻撃事態」とは、武力攻撃（武力攻撃のおそれのある場合を含む）が発生した事態又は事態が緊迫し、武力攻撃が予測されるに至った事態をいう。

今回の有事法案が9・11同時多発テロやその後の不審船事件を追い風として作成・提出されたのは事実です。しかし今回の法案が前提にしているのは、「テロや不審船」ではありません。あくまで「我が国に対する」「武力攻撃」なのです。

そこから当然、「テロや不審船」ならともかく、わが国が直接武力攻撃を受けるようなことが本当にあるのか、という疑問が生じることになります。冷静に考えれば、北朝鮮はもとよりロシア、韓国、中国など近隣諸国が日本に武力攻撃をしかけてくるような政治的・経済的・軍事的条件は百パーセントないと断言できます。戦争はすべて何らかの〝利益目的〟があって始められるはずですが、日本を攻撃して、占領してみたところで何の〝利益〟も期待できないからです。

しかし、日本の国内で数カ所だけ、「外部からの武力攻撃」の可能性を完全に否定できない場所があります。在日米軍基地です。

日米安保条約の第五条には、次のように書かれています。

「各締約国は、日本国の施政の下にある領域における、いずれか一方に対する武力攻撃が、自国の平和及び安全を危うくするものであることを認め……共通の危険に対処するように行動することを宣言する」

在日米軍基地が「日本国の施政の下にある領域」に存在することはいうまでもありません。そしてその米軍基地に武力攻撃が加えられたときは、日米共同行動をとることを、この条約は「宣言」しているのです。

二〇〇一年九月一一日、米国中枢へのテロ事件が起こると、世界の米軍基地はただちに厳戒態勢に入りました。沖縄の嘉手納空軍基地などでは完全武装の米兵がゲートに立って、出入りする業者や基地従業員まできびしくチェックする、まるで開戦前夜を迎えたような厳重警戒でした。その警備のため、本土の警察からも機動隊が出動しました。

沖縄への高校生の修学旅行はそれまで急速に増えていましたが、米軍基地が臨戦態勢下に入ったことがわかると、航空機使用の不安もあって、キャンセルがあいつぎました。六割をこえる修学旅行のキャンセルと、一般観光客も激減したため、沖縄の基軸産業である観光業は大打撃をうけ、沖縄県では県をあげて「だいじょうぶさぁ、沖縄」のキャンペーンに取り組んだのでした。

「だいじょうぶさぁ」とはいっても、当の米軍は「だいじょうぶ」とは考えていないのです。その米軍の要請を受け、日本政府も一〇月末、自衛隊法を改正、在日米軍基地の「警護のため部隊等の出動を命ずることができる」（八一条に追加）ことにしたのです。また9・11事件のようなことが起これば、こんどは機動隊でなく武装した自衛隊が米軍基地を守るのです。

ブッシュ政権になってからの米国は、とくに好戦的になりました。前年比二〇%もの大軍拡を打ち出すとともに「対テロ戦争」を宣言、アフガンにつづく標的としてイラクへの再攻撃の意図をちらつかせています。

こうした米政権の力ずくの政策がつづく限り、在日米軍基地もたえざる緊張を強いられるでしょう。日本国内で「外部からの武力攻撃」を受ける危険性のある唯一の場所として、在日米軍基地をあげた理由です。そして日本は、もしかりに在日米軍基地が攻撃を受けたとしたら、日米安保条約に従ってそれを自国への武力攻撃と受けとめ、さらに今回の武力攻撃事態法や改正自衛隊法が成立しておれば、それらの法を発動して米軍とともに作戦行動をとることになるのです。

✣「武力攻撃事態」を、だれが「予測」するのか。

武力攻撃事態に関する「定義」には、もう一つ大きな問題があります。「定義」にはこう書かれていましました。

「……事態が緊迫し、武力攻撃が予測されるに至った事態をいう」

では、だれが「予測」をするのでしょうか。もちろん政府が「予測」するのです。第二章九条に、政府のやることとして「武力攻撃事態の認定」があげられています。しかし、その「認定」の基準はどこにも示されていません。政府が武力攻撃を「予測」し、武力攻撃事態だと「認定」すれば、それが武力攻撃事態となるのです。

たとえば9・11事件のようなことが起こったとして、政府はそれをどう判断するのでしょうか。先に述べたように、在日米軍基地はただちに厳戒態勢に入りました。基地への攻撃を「予測」したからです。では日本政府は、同様に「予測」するのでしょうか。それともしないのでしょうか。

「予測されるに至った事態」という「定義」はこのようにあいまいなものです。いいかえれば、たぶんに拡大解釈の余地が含まれているのです。

✣拡大の歯止めのない「指定公共機関」

武力攻撃事態が「認定」されると、政府の指示に従って地方公共団体とともに「指定公共機関」も「その業務について、必要な措置を実施する責務を有する」ことになります(第六条)。では、「指定公共機関」とは何か。

次のように「定義」されます。

「独立行政法人、日本銀行、日本赤十字社、日本放送協会その他の公共的機関及び電気、ガス、輸送、通信その他の公益的事業を営む法人で、政令で定めるものをいう」（第二条）。

具体的に指名されているのは、日銀、赤十字、ＮＨＫだけですが、「その他の公共的機関」というのですから、一般の銀行や病院、民放各局や新聞社などマスコミも含められることになるでしょう。そしてそれは、後に政令で定めるというのです。動員される機関や企業の範囲も、したがって大幅に拡大する余地が残されています。

✣地方自治体と総理の〝直接執行権〟

第一五条は「内閣総理大臣の権限」となっています。

「内閣総理大臣は……対策本部長の求めに応じ……関係する地方公共団体の長等に通知した上で、自らまたは……（所管の）大臣を指揮し、当該地方公共団体または指定公共機関が実施すべき当該措置を実施し、または実施させることができる」

つまり総理大臣は、地方自治体の首長が対策本部の指示した措置に従わなかったときは、対策本部長（というのは総理大臣自身）の要請で、その措置を直接執行できるということです。では、これが実現したら、どういうことになるでしょうか。

一九九五年九月、沖縄で米兵三人により少女暴行事件が引き起こされ、沖縄の人々の怒りが爆発しました。その怒りの沸騰の中で、当時の大田昌秀沖縄県知事は、「代理署名拒否」を表明しました。米軍基地として私有地を強制使用するためには、米軍用地特措法にしたがって地主の署名が必要です。しかし、いわゆる反戦地主たちはその署名を拒否しました。そうした場合は、当該の市町村長の代理署名が必要となります。ところがその市町村長たちも署名を拒否したため、知事の代理署名が必要となったのです。その代理署名を、大田知事が拒否してしまったのでした。

署名がない以上、土地強制使用の手続きをすすめることができません。残された道は、総理大臣が知事に対し職務執行を命令、それでも知事が拒否したときは、高裁に職務執行命令訴訟を起こすことです。こうして、総理大臣が県知事を告訴するという前代未聞の裁判が始まりました。大田知事の「代理署名拒否」は沖縄県民の圧倒的支持を受けましたが、裁判は政府の意向を受けて知事側の全面敗訴に終わり、知事に代わって当時の橋本龍太郎総理が代理署名を行ったのでした。

しかし大田知事は、この高裁判決を不服として最高裁に上告、知事をささえる運動が全国に広がります。七月には知事が最高裁の大法廷で意見陳述に立ち、沖縄の長い苦難の歴史を語り、基地の重圧の下での苦痛を訴えました。この最高裁判決も棄却、つまり知事の敗訴に終わりましたが、沖縄の基地反対運動の中に深い一歩を刻みました。

これにこりた政府は、この後、米軍用地特措法の改正を強行、総理の直接執行権の導入によって反戦地主やそれに賛同する地方自治体首長の〝抵抗〟を封じこめたのですが、それと同様のことを今回の武力攻撃事態法案でも考えているのです。

武力攻撃事態にあっては、この直接執行権によって政府の権限は格段に強化されることになります。いままでも〝三割自治〟といわれる地方自治は、これによりさらに後退させられるでしょう。周辺事態法ではまだ「地方公共団体の長に対し……必要な協力を求めることができる」にとどまっていたのが、今回は政府による直接執行、命令へと一挙に突き進んでいるのです。

なお、先の条文にあった通り、自治体とともに指定公共団体もまたこの直接執行、命令の対象となります。

✣先送りにされた市民の権利・生命・財産の保護

第二章の九〜二〇条は、武力攻撃事態の発生に応じて、政府は「対処基本方針」を確定し、その方針を遂行するために内閣総理大臣を本部長として「武力攻撃事態対策本部」を設置することが定められています。いわゆる危機管理体制ですが、ここで総理大臣は「対策本部長（つまり総理大臣本人）の求めに応じて」地方公共団体や指定公共機関に対し内閣総理大臣の権限を行使するという〝一人二役〟を演じることになります（一五条）。加えて自衛隊法では総理大臣は自衛隊の最高指揮官もつとめますから実際は一人三役となります。

問題は第三章「法制の整備」（二一〜二三条）です。

二二条「事態対処法制の整備」では、一般国民の生命・生活に関して次のような事項があげられています。

イ　警報の発令、避難の指示、被災者の救助、消防等に関する措置

ロ　施設及び設備の応急の復旧に関する措置

ハ　保健衛生の確保及び社会秩序の維持に関する措置

ニ　輸送及び通信に関する措置

ホ　国民の生活の安定に関する措置

へ　被害の復旧に関する措置

「警報の発令」と聞けば、現在六〇代半ば以上の人たちなら、あの「警戒警報ハツレイ！」「空襲警報ハツレイ！」の伝令の声とともに不気味なサイレンの音を思い出すでしょう。その「警報の発令」は、だれが、どんな場合に、どんな指示系統にもとづいて行うのか。それは追って、法律で決めるというのです。

また、輸送や通信に関する措置も、これから追って決めるというのです。

有事法制とは、ひと言でいえば、非常事態にさいして一般市民の権利（基本的人権）を特例的に制限し、さらには人や物資を動員する（強制力をもって協力させる）ことです。したがって、有事法案の提出にあたっては、制限される権利の内容、動員の対象や内容は、あらかじめできるだけ具体的に示しておくのが当然です。

それなのに、法案では対処の枠組みだけ示して、国民生活に最も直接的に関係のある権利の制限や動員の対象などについては、法案が通った後、改めて法律で決めることにするというのは、どういうことでしょうか。法案の当否を判断する上で一番かんじんな点をぼかしておいて、それで国民の判断を求めるという法案提出の手法が、国民主権の下ではたして許されるのでしょうか。

同様のことが、同じ二二条にある、武力攻撃事態にさいしての自衛隊の「円滑かつ効果的」な行動に関してもいえます。あげられているのは次のような事項です。

イ　捕虜の取り扱いに関する措置

ロ　電波の利用その他通信に関する措置

ハ　船舶及び航空機の航行に関する措置

外部からの武力攻撃と戦おうとする軍隊が、捕虜の取り扱いを決めていないというのは実に奇怪な話ですが、これは実はすぐ後に述べる国際人道法との関係があります。電波の利用や通信、船舶と航空機の問題も、民間の業務と否応なくかかわってくるはずです。しかしこれらも、この法案が通った後で別に決めるというのです。

そしてもう一つ、追って法整備するものとして米軍の行動にかかわることがあげられています（二二条三項）。

「アメリカ合衆国の軍隊が実施する日米安保条約に従って武力攻撃を排除するために必要な行動が円滑かつ効果的に実施されるための措置」

日米安保条約第五条は前に引用しました。そこでは、自衛隊と米軍は対等の関係にありました。つまり、日本への武力攻撃に対しては自衛隊とともに米軍もまた戦うのです。ところがその米軍の行動を「円滑かつ効果的」にするための措置はこの法案ではまったくふれず、追って法律で決めるというのです。これでは、本の表紙だけを見せて買うことを求めるようなものです。

✣国民に知られたくない（？）〝隠された意図〟

では、これらの法律は、いつ定めるのでしょうか。二三条の二項にこう書かれています。

「事態対処法制の整備は、その緊要性にかんがみ、この法律の施行の日から二年以内を目標として実施するものとする」

武力攻撃事態法案が通ったら、国民の権利の制限や自衛隊、米軍の「円滑かつ効果的」な行動のための法整備が「緊要」だから、二年以内に大急ぎで仕上げる、というのです。

それなら、どうしていまそうした法案作成をすすめて武力攻撃事態法案に組み込み、その全体像を明らかにした上で提案しないのでしょうか。

実は、先にあげた国民の生命・生活に関する事項は、関係する省庁が複雑にからんでいて、法案化するのがむずかしいという事情があるのです。また、捕虜の扱いなどは、半世紀前に定められたジュネーブ四条約に日本政府は加入はしたものの国内法の整備を怠ってきており、同条約の追加議定書については締結もしていないということがあるのです。四条約と追加議定書は五〇〇をこえる条文からできており、それに対応する国内法を整備するのは、たしかに大変な作業になるでしょう。

しかし、後にⅣ章で述べるように政府は有事法制の研究を、公然化してから数えてもすでに二五年もつづけてきているのです。やる意志さえあれば、できなかったはずはありません。しかしそれはやらないできた。そしていま、表紙と、せいぜい目次だけを見せて本を買わせるような行為に出ているのです。

なぜいま有事法制なのか、という問いに対して小泉内閣は満足に答えていません。「備えあれば憂いなし」という程度なら、二年もあればできるというのですから、二年をかけて法案をつくり、その全体を明かにした上で提出すればいいのです。

国民の生命、財産の保護や権利の制限、自衛隊・米軍の「円滑かつ効果的」な行動という最も重要な問題は伏せておいて、とにかく枠組みだけをつくってしまおうというのは、国民をあなどった姑息なやりかたです。こうしたアンフェアなやり方は民主国家の政治手法とはいえません。

2 安全保障会議設置法改正案

✣安保会議のメンバー

安全保障会議設置法は一九八六（昭和六一）年、中曽根内閣のときにつくられました。全部で一一条からなる、六法全書ではわずかに半ページほどの分量です。

安全保障会議は「国防に関する重要事項及び重大緊急事態への対処に関する重要事項を審議する機関」として、それまでの国防会議に代わって内閣に設置されることになったものですが、そこでは「国防の基本方針」「防衛計画の大綱」などとあわせて、自衛隊の

「防衛出動の可否」を決定することになっていました。

その「防衛出動の可否」を、今回の武力攻撃事態法案の提案に対応させて、「武力攻撃事態への対処に関する基本的な方針」に改めようというものです。その中にはもちろん、自衛隊の防衛出動も含まれます。

安全保障会議の議長は総理大臣がつとめます。会議のメンバーは、これまでは外務大臣、財務大臣（以前の大蔵大臣）、内閣官房長官、国家公安委員長、防衛庁長官、経済財政担当大臣（以前の経済企画庁長官）で構成されていましたが、今回の改正案では経済財政大臣をはずして、代わりに消防庁をもつ総務大臣、海上保安庁をもつ国土交通大臣、原子力施設を担当している経済産業大臣を加えています。メンバーを拡大したのです。

ただし、発生した事態の分析など特に集中して審議するときは、首相のほか官房長官、外相、国交相、国家公安委員長、防衛庁長官の六人で対応できることにしています。

✣事態対処専門委員会の新設

今回の改正案で新たに設置されるのが「事態対処委員会」というものです。その役割は、武力攻撃事態が発生したさい、「必要な事項に関する調査及び分析を行い、その結果に基づき、会議に進言する」となっています。

委員長は内閣官房長官がつとめ、委員は「内閣官房及び関係行政機関の職員のうちから、内閣総理大臣が任命する」となっていますが、政府の説明では、外務省、防衛庁、警察庁などの局長クラスがメンバーになるということです。もちろん、自衛隊からも参加することになります。

先に述べたように、安全保障会議が新設されたときの首相は中曽根康弘氏でした。中曽根元首相は首相公選論の提唱者で、アメリカの大統領的首相をめざしていました。いまの小泉首相も、首相公選論者です。今回の改正案で拡大強化される安全保障会議は、大統領の直属機関で国防・外交の基本政策を決定するアメリカの国家安全保障会議（NSC）がモデルなのかも知れません。

3 自衛隊法改正案

さて、最後に自衛隊法改正案です。この法案は、改正案ということもあったのでしょうか、有事三法案が提出されたときも武力攻撃事態法案ほどには注目されませんでした。新聞の報道でも、朝日新聞は全一ページを費やしてほとんど全文を掲載していましたが、読売新聞は武力攻撃事態法案の五分の一程度の文字どおりの「要綱要旨」のみ、毎日新聞も読売より少し多いくらいの「抜粋」でした。

しかし私は、この自衛隊法改正案の中に、今回の有事関連法案の本質が、最も直接的・具体的に示されていると考えています。以下、条項を追って見ていくことにします。

✣事前の陣地構築と緊急通行

現行の自衛隊法の七六条は「防衛出動」、七七条が「防衛出動待機命令」です。その七七条に付け加える新たな条項として、改正案は、待機命令が出されたあと部隊の「展開予定地域」に、あらかじめ陣地その他の防御のための施設（防御施設）の構築を命ずることができる、としています。

その陣地構築のさい、これが分かりにくいのですが、「自己又は自己と共に当該職務に従事する隊員の生命又は身体の防護のためやむを得ない必要があると認める相当の理由がある場合には」「合理的に必要と判断される限度で武器を使用することができる」というのです（九二条の追加条項。傍点、筆者）。

つまり、陣地構築にあたっては住民の抵抗（「敵」はまだ来ていないのですから住民の抵抗以外には考えられません）を予想し、それを排除するために武器を使用することを認めているのです。考えてみれば、恐ろしいことではありませんか？

もう一つ、九二条には「防衛出動時の緊急通行」の条項が付け加えられています。防衛出動命令が出されて、自衛隊が緊急に移動する場合、「一般交通の用には供しない通路又は公共の用に供しない空地若しくは水面を通行することができる」というのです。

しかし、「一般交通の用に供しない通路」とは何をさすのでしょうか。ふつうは私道をさすでしょうが、実際にはほとんど存在しない私道の通行保障をわざわざ法律に書くというのは、どういうことなのでしょう。「公共の用に供しない空地」というのもそうです。そもそも、この狭い日本に空き地などありません。建築基準法では、空地は敷地内で建物の建てられていない所をいうようですが、すると屋敷内を通るということなのでしょうか。しかし、戦車や装甲車が通るような広い屋敷など、この日本にどれだけあるというのでしょう。

結局、一度通ってしまえば「通路」になるし、建物や工作物のないところが「空地」だとすれば、この日本でいちばん広い「空地」は、水田や畑だということになるのではないでしょうか。だからこの条項では、「当該通行のために損害を受けた者から損失の補償の要求があるときは……その損失を補償するものとする」としているのでしょう。

それにしても、国民にこんな不必要な推理を強要するような法律は、背後に後ろめたい意図を隠しているからだと思われても仕方がありません。

✣施設・土地・物資の収用、人員の動員と、罰則規定の導入

現行自衛隊法の一〇三条は「防衛出動時における物資の収用等」です。まさに「戦時立法」そのものといえる条項ですが、どういうわけか「雑則」の中におかれています。今回の改正案では、同じ「雑則」中の一一五条と並んで最も大幅に追加・改変された条項です。

現行の条文は次のとおりです。読み取りにくいのですが、これが基本になりますので我慢して読んでみてください。

防衛出動を命じられた自衛隊が「その任務遂行上必要があると認められる場合には、都道府県知事は、防衛庁長官又は政令で定める者の要請に基づき、病院、診療所その他政令で定める施設を管理し、土地、家屋若しくは物資を使用し、物資の生産、集荷、販売、配給、保管若しくは輸送を業とする者に対してその取り扱う物資の保管を命じ、又はこれらの物資を収用することができる。ただし、事態に照らし緊急を要すると認めるときは、長官又は政令で定める者は、都道府県知事に通知した上で、自らこれらの権限を行うことができる」

書かれているとおり、施設や土地、物資の収用、保管を可能にする条項です。つづいて

第二項は、人の動員です。

同様に自衛隊に出動命令が出された場合は、「施設の管理、土地等の使用若しくは物資の収用を行い、又は取扱物資の保管命令を発し、また、当該地域内にある医療、土木建築工事又は輸送を業とする者に対して、当該地域内においてこれらの者が現に従事している医療、土木建築工事又は輸送の業務と同種の業務で、長官又は政令で定める者が指定したものに従事することを命ずることができる」

以上の二つの条項に、改正案では第三項から第一九項まで新たな内容の条項が付け加えられるのですが、その第一三項と一四項は「立ち入り検査」の条項です。まず、一三項。

「……土地等を使用し、取扱物資の保管を命じ、又は物資を収用するため必要があるときは、その職員に施設、土地、家屋若しくは物資の所在する場所又は取扱物資を保管させる場所に立ち入り、当該施設、土地、家屋又は物資の状況を検査させることができる」

つづいて一四項。

「……取扱物資を保管させたときは、保管を命じた者に対し必要な報告を求め、又はその職員に当該物資を保管させてある場所に立ち入り、当該物資の保管の状況を検査させることができる」

そしてさらに、今回の改正案では、この立ち入り検査や物資の保管命令に従わなかった場合の罰則条項が、第一二四、一二五、一二六条として新たに付け加えられたのです。以下、順に。

「……立入検査を拒み、妨げ、若しくは忌避し、又は……報告をせず、若しくは虚偽の報告をした者は、二十万円以下の罰金に処する」（一二四条）

「……取扱物資の保管命令に違反して当該物資を隠匿し、毀棄し、又は搬出した者は、六月以下の懲役又は三十万円以下の罰金に処する」（一二五条）

処罰されるのは、「違反行為」をした当人だけではありません。

「法人の代表者又は法人若しくは人の代理人、使用人その他の従業員が……前二条の違反行為をしたときは、行為者を罰するほか、その法人又は人に対しても、各本条の罰金刑を科する」（一二六条）

こうして、自衛隊法制定から四八年、これまで条文に書かれてはいても実効性を欠いていた、自衛隊による防衛出動時の施設や土地、家屋、物資の収用、また医療、土木建築、輸送に従事する人たちに対する動員規定が、今回の改正案でいよいよ罰則をともなう強制力をもったものとして生きて動きはじめるのです。

✣収用した土地の上の「立木等」の移転・処分と家屋の「形状変更」

さて、こうして土地を収用できるようになったものの、そこに立木などがあると、陣地などを構築するのに邪魔になります。そこで一〇三条に、次の条項が付け加えられました。

「前二項の規定により土地を使用する場合において、当該土地の上にある立木その他土地に定着する物件（家屋を除く。以下「立木等」という）が自衛隊の任務遂行の妨げとなると認められるときは……当該立木等を移転することができる。……移転が著しく困難であると認めるときは……当該立木等を処分することができる」

ご覧のように「立木等」からは「家屋」が除外されています。家屋の移転・処分は認められていないのです。ただし、収用した家屋の「形状変更」は認めています。つづく一項です。

「……家屋を使用する場合において、自衛隊の任務遂行上やむを得ない必要があると認められるときは……その必要な限度において、当該家屋の形状を変更することができる」

では、「家屋の形状変更」とは何をさすのでしょうか。取り壊すことも「形状変更」になるのではありませんか？

なお改正案では、この「土地の使用」やそこでの「立木等の移転・処分」は、防衛出動発令前の「展開予定地域」内でもできる、とされています。

✣消防法の適用除外

以上が一〇三条を変更、いや変質させるための改正案のポイントです。

この一〇三条と並んで大幅に条項を付け加えられたのが、同じ「雑則」の中にある一一五条です。ここには実に二〇もの他の法律が登場します。そしてそれは、すべて「適用除外」「特例」とする、となっているのです。順を追って見ていきます。

まず「消防法」です。この消防法については、現行の自衛隊法一一五条にあります。防衛出動または防衛出動待機命令が出されたとき、あるいは自衛隊の演習場においては、「危険物の貯蔵等の取締り」についての消防法一〇条の規定は「適用しない」というものです。

これに加え、改正案では、防衛出動が命じられたとき、ないしは展開予定地域での防御施設の構築を命じられたとき、「自衛隊の部隊等が応急措置として新築、増築、改築、移転、修繕又は模様替の工事を行った」ものについては、消防法第一七条の規定は「適用しない」ことにされています。消防法一七条とは、学校、病院、工場、百貨店、旅館、地下街など人々が多く集まる建物や場所に課された消防用設備等の設置義務、そのための基準、検査、点検などについて定めたものです。武力攻撃事態となれば、消防のことなどいちいち構ってはいられない、というわけです。

✣墓地、埋葬等に関する法律の適用除外

次は、「墓地、埋葬等に関する法律」です。同法第四条には「埋葬又は焼骨の埋蔵は、墓地以外の区域に、これを行ってはならない。火葬は、火葬場以外の施設でこれを行ってはならない」とあり、第五条一項には「埋葬、火葬は、市町村長、区長の許可を受けなければならない」と決められています。

これに対し、改正案は、「……出動を命ぜられた自衛隊の隊員が死亡した場合におけるその死体の埋葬及び火葬については」、墓地・埋葬法は「適用しない」としたのです。

「戦死」を予定し、遺体の処理の問題まで配慮されているのです。

なおここには「自衛隊の隊員の死亡」とあって、現代の戦争では兵士よりもずっと多くの犠牲者を生むはずの「市民」の遺体、まして「敵兵」の遺体についてはふれられていません。

✣野戦病院での医療法の適用除外

医療は、国民の健康、生命に直接かかわることですから、たとえば病院の開設に当たっ

ては都道府県知事の許可を得なければならないことなど、医療法できびしく規定されています。

しかし、「出動命令を命ぜられ、又は……出動待機命令を受けた自衛隊の部隊等が臨時に開設する医療を行う施設（つまり、野戦病院です）については」、いちいち知事の許可など得てはいられないから、医療法は「適用しない」というのです。

✣建築基準法の適用除外

建築も、国民の生活に直結しています。そのため建築基準法によって、「国民の生命、健康及び財産の保護を図」る（同法第一条）ための「最低の基準」が定められています。

しかし、いざ戦争となっては、建築基準法など気にしてはいられません。そこで改正案では、「自衛隊の部隊等が行う破損した建築物の応急の修繕又は応急仮設建築物の建築については、建築基準法第八五条第一項を準用する」ことになっています。

その八五条一項とはなにか。「非常災害があった場合において……災害により破損した建築物の応急の修繕又は……応急仮設建築物については……この法律は適用しない」というものです。だから法案の見出しは「特例」となっていますが、実質は「適用除外」なのです。

✣道路にバリケード!?——道路法の適用除外

こうした法律の適用除外は、このほか港湾の水域の占拠や土砂の採取にあたっての**港湾法**、また森林の立木の伐採にあたっての**森林法**、土地の「形質の変更」にさいしての**土地収用法**、同じく「土地の形質の変更」もしくはそこでの「建築物その他の工作物の新築、改築」にあたっての**土地区画整理法**など次々に挙げられています。いずれも陣地構築に必要とされるものですが、次の道路法の適用除外は、よく読むとギョッとさせられます。

ここにはまず、出動を命ぜられた自衛隊が、破損したり決壊した道路を通行するために応急措置として工事を行う場合、道路法二四条に規定された道路管理者（国道では国土交通相、県道などは知事）の承認を受ける必要はなく、着手後すみやかに通知すればいいとなっています。

こわいのは次です。「道路の占用」という言葉が出てきます。道路法で定義されている「道路の占用」は、道路に設ける「工作物、物件又は施設」となっていて、具体的には電柱、郵便ポスト、電話ボックス、広告塔、下水道管、ガス管、電車の軌道などが挙げられていますが、自衛隊による工作物は、もちろんそれらとは異質でしょう。すぐに思いつくのはバリケードです。そしてそのバリケードをきずくにあたって、道路法三五条では「道路管理者に協議し、その同意を得れば」となっているけれども、これをたんに「通知すれば」いいとするというのです。

また道路予定区域では、道路法九一条によると「道路管理者の許可を受けなければ、当該区域内において土地の形質を変更し、工作物を新築し、改築し、増築し、若しくは大修繕し、又は物件を付加増置してはならない」となっているけれども、「自衛隊の部隊等が応急措置として行う防御施設の構築その他の行為については、適用しない」となっています。

防御施設といわれるとピンときませんが、道路にバリケードをきずいての、恐らく市街戦が、ここでは想定されているのです。

なお道路交通法にも、道路に「工作物」を設けるさいは所轄警察署長の許可を得なくてはならないという条項がありますが、改正案ではこれについても「あらかじめ概要を通知」すればいいことにしています。

✣海岸にタコツボ壕!?——海岸法、河川法の適用除外

道路だけではありません。海岸や河川敷もまた〝戦場〟に想定されます。

海岸法第七条では、海岸に「施設又は工作物」を設けて一定区域を占用するときは、海

岸管理者（都道府県知事）の許可を得なければならないとなっています。また第八条では、海岸の土石、砂を採取したり、土地の掘削、盛り土をしたりする場合も、海岸管理者の許可が必要となっています。ただし第一〇条では、国がそうした行為をするときは、「あらかじめ海岸管理者に協議することをもって足りる」としています。

しかし出動した自衛隊に、「あらかじめ協議する」余裕はありません。そこで今回の改正案は、「その旨を通知する」だけでよい、としたのです。

さらに河川・河川敷についても、河川法第二三〜二七条で、河川の流水の占用、河川敷の占用、土石、砂の採取、工作物の新築、土地の掘削、盛り土など土地の形状を変更するさいは、河川管理者（国土交通相や都道府県知事）の許可を受けなければならないとされていますが、それを今回の改正案は、「これらの規定にかかわらず、国があらかじめ河川管理者に当該行為をしようとする旨を通知することをもって足りる」としたのです。

いまから半世紀前、アジア太平洋戦争末期、沖縄攻略（アイスバーグ作戦）をほぼ達成したアメリカ軍は、次にいよいよ日本本土攻略に向けて、南九州上陸のオリンピック作戦、関東上陸のコロネット作戦を決定します。それに対して大本営は、本土決戦体制の構築を指令、「一億総特攻」を叫んで国民を総動員し、関東では重要な軍需工場を地下トンネルに移すとともに、房総半島の九十九里浜や相模湾の湘南海岸一帯に、上陸してくるアメリカ軍を水際で迎え撃つためのタコツボ壕を掘りすすめたのでした。海岸や河川敷での「工作物の新築」「土地の掘削、盛り土」などと聞けば、あの海岸のタコツボ壕を連想します。

水際で迎え撃つというと、若い人たちはスピルバーグ監督の映画「プライベート・ライアン」に描かれた、連合軍のノルマンディー上陸を迎え撃ったドイツ軍の堅固なトーチカを思い浮かべるかも知れません。しかし、今回の自衛隊法改正案で前提となっているのは、防衛出動が命じられた後、ないしは防衛出動待機命令あるいは防御施設構築の命令が出された後のことですから、堅牢なトーチカをつくる余裕はありません。やはり太平洋戦争中に南の島じままで旧日本軍がやったように、また本土決戦を前に中学生までも動員してやったように、海岸にタコツボ壕を掘ることを考えているのでしょう。そのために、海岸法、河川法の規定をはずして、「工作物の新築」「土地の掘削」が自由にやれるようにしたのです。

✣市街戦を想定――都市公園法などの適用除外

以上に見てきたように、武力攻撃事態と認定されると、自衛隊は道路にバリケードをきずき、海岸にタコツボ壕を掘って「敵」の侵攻にそなえることになります。しかし、もちろん準備はそれだけではすみません。戦闘が予想される要処要処には堅固な陣地（防御施設）を構築しておく必要があるからです。

では、都市部では、その適地としてどういう場所が考えられるでしょうか。ビルや家屋が建て込んでいる所は不可です。見通しのきく、一定の広さをもった空地が必要です。となると――

そうです。公園、それも街の中の小公園ではなく、都市計画にもとづいてつくられた広い都市公園、ないしは緑地です。そこで改正案には「都市公園法の特例」が登場します。

都市公園法の第九条には、「工作物の物件又は施設を設けて都市公園を占用する場合においては、国と公園管理者（地方自治体あるいは国）との協議が成立すること」が必要と定められています。

しかし、非常事態にそんな「協議」などはできないから、改正案では「あらかじめ公園管理者に占用の目的、期間、占用の場所及び工作物その他の物件又は施設の構造を通知すること」をもって許可を得たことにするとしたのです。

都市公園に陣地を構えるということは、都市を戦場にして戦う、つまり市街戦を想定しているということです。じっさい、改正案では、このあとにつづいて「首都圏近郊緑地保全法の適用除外」「近畿圏の保全区域の整備に関する法律の適用除外」「都市計画法の適用除外」と、三つの法律の「適用除外」がもうけられています。そしてその三つとも、末尾はまったく同文で結ばれているのです。

すなわち、防衛出動を命ぜられ、または陣地構築等の措置を命ぜられた「自衛隊の部隊等が応急措置として行う防衛施設の構築その他の行為については、適用しない」。

そしてここで「適用しない」とされているのは、工作物をつくるに当たっての事前の届け出（首都圏近郊緑地保全法）であり、あるいは市街地開発予定地での許可以外の工作物の新築禁止条項（都市計画法）なのです。

このように、自衛隊法改正案は明らかに、都市での戦闘、つまり市街戦を想定しています。そして事実、自衛隊は市街戦にそなえての戦闘訓練を行っているのです。

沖縄の米海兵隊基地キャンプ・ハンセンには都市型戦闘訓練施設がつくられており、海兵隊はそこで対ゲリラ戦訓練を行っています。自衛隊の北海道・東千歳駐屯地にも同種の訓練施設がつくられており、そこでの米軍との合同訓練が昨（〇二）年一一月一六日、マスコミに公開されました。合同訓練には沖縄の米海兵隊六五〇人と、陸上自衛隊の六五〇人が参加し、連携して敵を攻撃するというもので、「映画のセットのような仮設のビル内部での戦闘訓練で、擬そうした日米の隊員が人形のゲリラ部隊を小銃や手りゅう弾で交互にせん滅してみせた」と朝日新聞は伝えていました（01・11・16付夕刊）

昨年秋から今年春にかけ、パレスチナではは流血と破壊がつづきました。パレスチナ人の

〝自爆テロ〟に対し、イスラエル軍は戦車に装甲車、攻撃ヘリまで使って報復攻撃を加え、ヨルダン川西岸とガザ地区のいたる処に瓦礫の原が出現しました。

あれが市街戦です。そして、今回の自衛隊法改正案はまちがいなくそうした市街戦を想定しているのです。

改正案の条文はいわば数字と記号の羅列です。法律独特の言いまわしは読み取るのに骨がおれます。それに、六法全書をそばに置いてでないと、読めません。その六法も、なにしろたくさんの関連法律が出てきますから中型の六法ではだめで、大型のものでないと役に立ちません。しかし、その大型六法を横に、想像力を少々活性化させ、時間をかけて読んでいくと、無機質の条文の間から、私たちの住む街を〝戦場〟にした市街戦という恐ろしい光景が浮かんでくるのです。

武力攻撃事態とひと言でいうけれども、その事態とは、こういう事態をさしているのです。少なくとも、今回の自衛隊法改正案はそういう事態を想定してつくられているのです。そしてまさにその点に、自衛隊のあり方を一変させる、決定的な意味がこめられているのです。

この本の冒頭で私は、今回の有事法制関連法案はとくに憲法との関係で見ることが必要だと述べました。憲法との関連で見るとき、今回の法案の本質が明らかになると考えるからです。

そのためには日本国憲法の平和主義を、改めてとらえ返すことが必要です。

Ⅱ　平和憲法をとらえ返す

1　戦争〝非合法化〟の到達点としての日本国憲法

✣ハーグ平和会議から国連憲章まで

日本国憲法の平和主義の条項はきわめて特異なものです。中米のコスタリカ共和国を除けば、独立国の憲法で「戦力」をもつことを禁じている憲法はほかにないからです。しかし、二〇世紀前半の半世紀の歴史をたどってみると、日本国憲法の絶対平和主義がけっして突然変異の産物でなかったことがわかります。突然変異どころか、軍備抑制・縮小、戦争非合法化の歩みの、むしろ必然の到達点だったともいえるのです。

二〇世紀前夜の一八九九年、オランダのハーグで二六カ国が参加して第一回世界平和会議が開かれました。そこでは「毒ガスの禁止に関するハーグ宣言」（人を窒息させるガス又は有毒質のガスを散布することを目的とした投射物の使用禁止）と「ダムダム弾禁止宣言」が採択されました。ダムダム弾というのは、体内に入ると先端が裂けて扁平になるため貫通せず、非常な苦痛とともに鉛の毒で死にいたる弾丸のことです。日本政府もこれに署名、翌年批准しました。

つづいて一九〇七年、同じハーグでこんどは四四カ国が参加して第二回平和会議が開かれます。前回が残虐な兵器の使用禁止だったのに対し、今回は「なるべく戦争の惨害を減殺すべき制限をもうける」ことを目的に、「陸戦の法規慣例に関する条約」調印されます。そこでは、「不必要な苦痛を与える兵器の使用を禁止する」「武器を捨てて降伏を求めた敵を殺傷することを禁止する」「占領地での略奪を禁止する」といったことが定められました。

同じハーグ会議で、「戦時海軍砲撃条約」も調印され、「防守されていない港、都市、村落への砲撃」が禁止されました。日本政府もこの「陸戦」「海軍」両条約を批准しました。

こうした歩みをへながら、しかしヨーロッパ諸国は一九一四年、第一次世界大戦に突入します。戦車、航空機、潜水艦など新たに開発された兵器が投入され、四年余にわたったこの戦争では、死者一千五百万超というこれまでの戦争とはケタちがいの犠牲者を生み出します。そうした中、ドイツの無制限潜水艦作戦を機に参戦した米国のウィルソン大統領は、一八年一月、「一四カ条の平和原則」を発表、その中で「国家の安全に必要とされる最小限度まで」の軍備縮小と、「国際連盟」の結成を訴えたのでした。

戦後の一九二〇年、ウィルソンの提唱した国際連盟が――当の米国は議会の反対で加盟できませんでしたが――発足します。連盟規約は、「締結国は、戦争に訴えざるの義務を受諾」し、紛争が生じたさいは仲裁あるいは司法的な解決をめざすことを約束し、それを無視した国は他のすべての加盟国に対して戦争行為をなしたものとみなす、と述べていました。〝戦争非合法化〟への大きな一歩です。この国際連盟には、日本も加盟しました。

さらに八年後の一九二八（昭和三）年、ドイツ、アメリカ、ベルギー、フランス、イギリス、アイルランド、イタリア、日本、チェコスロバキアの各国代表がパリに集まり、「不戦条約（戦争放棄に関する条約）」を締結します。

条約は前文で「……その人民間に現存する平和および友好の関係を永久ならしめんがた

め、国家の政策の手段としての戦争を率直に放棄すべき時機の到来せることを確信し」「戦争の共同抛棄に世界の文明諸国を結合せんことを希望し」と述べ、次のような条項を定めていました。

第一条［戦争放棄］締結国は、国際紛争解決のため戦争に訴うることを非とし、かつその相互関係において国家の政策の手段としての戦争を抛棄することを、その各自の人民の名において厳粛に宣言す。

第二条［紛争の平和解決］締約国は、相互間に起こることあるべき一切の紛争または紛議は、その性質又は起因のいかんを問わず、平和的手段によるのほか、これが処理または解決をもとめざるを約す。

日本政府も翌二九年、第一条の傍点部分についてだけは留保してこの「不戦条約」を批准しました。大日本帝国憲法には、「戦を宣し和を講し及諸般の条約を締結す」るのは天皇だとあったからです。

このように国際連盟規約につづいて不戦条約で、戦争の回避と〝違法化〟が取り組まれたのでしたが、一九二九年秋にはじまる大恐慌をはさんで、世界にはまたも暗雲がたちこめ、三九年、ヒトラーのナチスドイツはポーランド侵攻、第二次世界大戦へと突入します。一方、これより先、三一年、日本軍は中国東北（満州）の柳条湖で自ら鉄道を爆破、それを口実に「満州事変」を引き起こし、さらに三七年には北京郊外、盧溝橋で演習中に起きた中国軍との接触を口実に中国との全面戦争(「日華事変」)を開始します。

一方、四一年八月、米国のルーズベルト大統領と英国のチャーチル首相は大西洋上の軍艦で会談し、連合国側の大戦にのぞむ基本的立場と戦後構想の原則を述べた「大西洋憲章」を発表します。その第八項には、「両者は、世界のすべての国民が……武力の使用の放棄に到達しなければならないと信じる」と述べられ、「一般的安全保障制度の確立」がふれられていました。

この後、ルーズベルト大統領の指示で米国国務省内で国際連合憲章案がまとめられ、四三年、モスクワで開かれた米英ソ三国外相会談の場にこれが提案されて合意をみます。

そしてこの後、ナチスドイツの崩壊を目前にした四五年四月、サンフランシスコで、連合国側の五〇カ国が参加して国際連合創立総会が開かれ、六月、国連憲章が採択されたのでした。憲章の前文はよく知られているように、「われら連合国の人民は、われらの一生のうち二度までも言語に絶する悲哀をわれらに与えた戦争の惨害から将来の世代を救い……」と始まり、国際紛争は平和的手段によって解決されなくてはならないこと、そしてすべての加盟国は、その国際関係において「武力による威嚇又は武力の行使」を慎まなければならない、と述べられていました。

✣「武力の行使」禁止条項の歴史的背景

以上見てきたように、非武装の日本国憲法が誕生するまでは、オランダ・ハーグでの第一回世界平和会議からの国連の結成まで、まず兵器の制限から始まって戦闘行動の制約、そして戦争放棄まで、長い取り組みがあったのです。またその取り組みには、私たちの日本も、ハーグ会議から不戦条約までずっとかかわっていたのでした。第九条の「戦争放棄」は、決してとつぜん出現したものではなかったのです。

もう一つ、国連憲章の採択から日本国憲法の公布まで一年半の間隔がありますが、この間に、ある決定的な出来事が起こっていました。何か。

二度にわたる原爆投下です。核兵器の出現は、もはや人類は世界大戦を戦うことは出来ないということを示していました。以後、戦争の陰には、人類滅亡の恐怖がぴったりと寄り添うことになったのです。

国連憲章と日本国憲法には、明らかにつながりがあります。

憲法九条は一般に「戦争放棄」の条文として知られています。しかし九条が放棄しているのは「戦争」だけではありません。九条一項の条文は次の通りです。

第九条　日本国民は、正義と秩序を基調とする国際平和を誠実に希求し、国権の発動たる戦争と、武力による威嚇または武力の行使は、国際紛争を解決する手段としては、永久にこれを放棄する。

つまり、放棄したのは「国権の発動たる戦争」だけでなく、「武力による威嚇」「武力の行使」も放棄したのです。そしてこの「武力による威嚇又は武力の行使」という表現は、先に見たように国連憲章で使われていたものでした。それは、国連憲章においてはじめて導入された用語（概念）だったのです。

では、なぜこの二つの用語が新たに使われたのか。理由は、近い過去の事実の中にありました。

第二次大戦に突入する前、一九三五年、ファシスト党のイタリアは、三五万の兵力に加え航空機や毒ガスを使ってエチオピアを侵略、翌年には併合してしまいます。またつづく三七年には、ナチスドイツの空軍がスペイン・バスク地方の小都市ゲルニカを爆撃します。新鋭機の性能確認と演習をかねての一方的な「武力行使」でした。

日本もまた、三一年以降、満州で、また三七年以降は中国全土で「武力行使」を行いました。日本はそれを「満州事変」「支那事変」と名づけました。明らかに戦争にちがいないのに、なぜ「事変」などというあいまいな呼称を用いたのでしょうか。三年前の二八年、パリでの不戦条約を批准していたからです。「人民の名において」でなく「天皇の名において」国際条約で戦争の放棄を「厳粛に宣言」していたてまえ、「戦争」と呼ぶわけにはいかず、「事変」としたのです。

「事変」という言葉は辞書には「異常な出来事」（大辞林）とあるだけですが、帝国憲法（明治憲法）に出てきます。第二章で「臣民の権利義務」を列挙した後、三一条に「本章ニ掲ケ《げ》タル条規ハ戦時又ハ国家事変ノ場合ニ於テ天皇大権ノ施行ヲ妨《さまた》クルコトナシ」とあるのです。「戦時又ハ国家事変」とあるのですから、戦争ではありません。恐らくクーデターや暴動、あるいは革命を想定していたのでしょう。

「事変」はまた、帝国憲法より前、明治一五年に布告された「戒厳令」の第一条にもあります。「戒厳令ハ戦時若《もし》クハ事変ニ際シ兵備ヲ以テ全国若《もし》クハ一地方ヲ警戒スルノ法トス」というのです。「戒厳令ハ戦時若《もし》クハ事変」というのですから、やはり戦争とは区別しています。

それなのに、明らかに中国との戦争であったにもかかわらず、「本能寺の変」や「禁門の変」などの連想もあったのでしょうか。「満州事変」「支那事変」と名づけたのです。パリ不戦条約の拘束から逃れるための言葉のトリックでした。

しかしこのトリックはもちろん見破られており、そうしたトリックを許さぬために、国連憲章では「武力による威嚇又は武力の行使」という新たな用語（概念）が導入され、それが日本国憲法にも用いられたのです。

そして第九条は、この国連憲章を受け継ぎながら、さらにその理念を徹底させました。「武力による威嚇又は武力の行使」を、国連憲章は「慎まなければならない」としていたのを、第九条は「永久にこれを放棄する」と言い切ったのです。そしてこの断固たる「武力の行使」禁止条項が、次章に述べるように自衛隊の行動の自由をきびしく規制してきたのです。

2　日本国憲法の平和主義の構造

✣つまみぐいされた憲法前文

昨年（〇一年）四月、自民党総裁選でのことです。小泉現首相はじめ四候補による共同記者会見で、「新しい歴史教科書をつくる会」の中学教科書の検定合格に対して韓国、中国政府から厳しい抗議が寄せられていることについての意見が求められました。四候補が順に答えましたが、最後の小泉現首相の答えは次のようなものでした。

「日本の検定制度に合格した教科書に対して、中国や韓国が批判するのは自由だが、日本がそれに惑わされることはない」（4・13付、各紙）

他の三候補の答えもすべて〝自国中心主義〟の色濃いものでしたが、それをテレビで聞きながら、私は憲法前文の次の一節を思い出していました。

「われらは、いづれの国家も、自国のことのみに専念して他国を無視してはならないのであって、政治道徳の法則は、普遍的なものであり、この法則に従ふことは、自国の主権を維持し、他国と対等関係に立たうとする各国の責務であると信ずる」

日本国憲法はその「国際主義」の立場を、このように明確に宣明しているのです。ところが小泉氏はじめ政権党の総裁候補（つまり首相候補）たちはそろって平然と、この「国際主義」に背を向けたのでした。

それから五カ月後の同年九月二一日、9・11同時多発テロ事件を受けて米国支援のための新法を準備中だった小泉首相は、訪米を前に自民党の首相・総理経験者を招いて会談しました。その席で、中曽根康弘元首相から出された、新法の根拠として憲法のどの部分を考えているのか、という質問をめぐり、中曽根氏と小泉首相、山崎拓幹事長との間でこんなやりとりがあったと朝日新聞（01・7・23付）は伝えていました。

山崎幹事長「総理は憲法前文の精神を踏まえたいと言っている」

中曽根元首相「前文のどこか」

小泉首相「『国際社会において名誉ある地位を占めたい』のくだりだ」

中曽根元首相「そこではない。『自国のことのみに専念して他国を無視してはならない』のくだりだ」

先輩首相のこの提言はさっそく受け入れられたようです。その後に行われた小泉首相の施政方針演説の結びの部分に、この前文の一節がそっくり引用されているからです。日本国憲法の国際主義は、韓国や中国に対しては簡単に無視されますが、米国に対しては遺憾なく発揮されたわけです。

そしてここから、例の「すき間」論が生まれます。憲法前文は「国際協調」をうたっているが、しかし第九条はその「国際協調」を実行するのに必要な「武力の行使」を認めていない、前文と九条との間には「すき間」がある、というわけです。そしてこの「すき間」を埋めるためという、誰にもよくわからない理屈でテロ対策特別措置法がつくられたのでした。

じっさい、一〇月二三日の参院での津野修・内閣法制局長の答弁――「憲法の前文と九条の間で、法律がない部分を埋めるためにテロ対策特別法案をだした」(朝日、10・24付)という説明を聞いても何のことだかわかりません。

日本国憲法の「国際主義」「国際協調」の立場は明瞭です。ただし、「武力の行使」をともなう、あるいは「武力の行使」につながる「国際協調」行動はとらない、と宣言しているのです。それなのに、国際協調・貢献を武力と結びつけてしか考えられないのは、武力依存症に陥っているからです。

憲法前文と第九条の間には「すき間」などありません。「すき間」どころか、前文と九条とは一体となってその平和主義を構成しているのです。

✣前文と九条――平和主義の理念と実行

日本国憲法前文にはこう書かれています。

「日本国民は……政府の行為によって再び戦争の惨禍が起ることのないやうにすることを決意し、ここに主権が国民に存することを宣言し、この憲法を確立する」

「日本国民は、恒久の平和を念願し、人間相互の関係を支配する崇高な理想を深く理解するのであって、平和を愛する諸国民の公正と信義に信頼して、われらの安全と生存を保持しようと決意した。われらは、平和を維持し、専制と隷従、圧迫と偏狭を地上から永遠に除去しようと努めてゐる国際社会において、名誉ある地位を占めたいと思ふ。われらは、全世界の国民が、ひとしく恐怖と欠乏から免かれ、平和のうちに生存する権利を有することを確認する」

小泉首相が中曽根元首相に質問されて、米国支援のための新法の根拠として考えていると答えたのが、この箇所です。たしかに中曽根元首相の指摘どおり、この箇所が米軍支援のための自衛隊派兵の根拠になるとは思われません。

文中に、「人間相互の関係を支配する崇高な理想を深く理解する」とあります。この「理想」とは何か。先に見たハーグ世界平和会議から国連憲章にいたる半世紀の歩みからもわかるように、人間相互の関係、ひいては国際関係において、暴力・武力を用いない、平和的手段に徹するということでしょう。日本国憲法の平和主義をさして、現実から遊離した理想主義だと揶揄する〝現実主義者〟は後を絶ちません。しかし憲法はその理想主義を「深く自覚」しており、その上でなおその理想主義をつらぬく決意を表明しているのです。

そしてそのさいの支えとなるのが、「平和を愛する諸国民の公正と信義」に対する信頼です。「諸国家の」ではなく「諸国民の」となっているところが重要です。ここには、戦争の放棄を「人民の名において厳粛に宣言」した不戦条約の思想が受け継がれています。東京でのアフガン復興会議に、NGO代表の参加を取り止めさせた権力主義者などとは正反対の立場に、憲法は立っているのです。

このように世界の「諸国民の公正と信義に信頼して、われらの安全と生存を保持しようと決意し」、そうすることで「国際社会において、名誉ある地位を占めたいと思ふ」と憲法前文は宣明しています。

そして、その上で憲法は、戦争行為からの絶縁と、戦力の不保持を言明しているのです。

第九条　日本国民は、正義と秩序を基調とする国際平和を誠実に希求し、国権の発動たる戦争と、武力による威嚇又は武力の行使は、国際紛争を解決する手段としては、永久にこれを放棄する。

2　前項の目的を達するため、陸海空軍その他の戦力は、これを保持しない。国の交戦権は、これを認めない。

条文中に「国権の発動たる戦争」とあります。国家が行う戦争ということですが、これは前文中の「政府の行為によって再び戦争の惨禍が起ることのないやうにすることを決意し」に対応しています。第二項の「国の交戦権」の否認も同じです。そしてさらに、前に述べたように「戦争」だけでなく「武力による威嚇又は武力の行使」も「永久に放棄」したのです。

以上見たように、まず前文で徹底した平和主義、理想主義を宣明し、その平和主義を実行にうつすために取り決めた条項が第九条なのです。日本国憲法の平和主義は、このように前文のプリンシプル（原理）と、その具体化である第九条とによって、がっしりと構成されているのです。そこに「すき間」などはありません。

Ⅲ　平和憲法にしばられた自衛隊

1　平和憲法法体系の下の自衛隊

✣軍事と絶縁した日本の法体系

憲法は国の最高法規です。したがって日本国憲法にも「その条規に反する法律……の全部又は一部は、その効力を有しない」（第九八条）と定められています。

先に見たように、徹底した平和主義に立ち、第九条で「戦争」や「武力の行使」、さらに「戦力」の保持を禁じ、「交戦権」を否認した日本国憲法の成立によって、それまで各種法律の中にあった軍事に関する条項は削除されていきました。憲法が軍事と絶縁したのですから、当然その下位にある諸法令も軍事と絶縁していったのです。

たとえば土地収用法です。政府が公共の目的のために私有地を収用する。その公共の目的の第一に、かつては「国防その他軍事に関する事業」があげられていました。つまり、演習場を建設したり営舎を拡張したりする場合、政府はこの土地収用法を発動すれば自由に（もちろん補償を支払った上でですが）できたのです。

またたとえば、道路法の中の「国道」の定義です。東京から各道府県庁所在地に通じる道路というのにつづいて、東京から全国各地の師団司令部と鎮守府（主要軍港の海軍司令部）に通じる道路が「国道」とされ、さらに「その他軍事に必要な道路」はすべて「国道」に指定されていました。まさに軍事優先の国家であり、法体系だったのです。

そこで日本国憲法の制定後、数年の間に、法律の中の軍事に関連する条項は削除され、軍事との縁を切った現行の法体系が出来たのです。

その結果、自衛隊法をはじめ自衛隊関連の法律の中に、常識の目から見ると珍妙ともいえる条項が入り込むことになりました。

✣自衛隊法の中のブラックユーモア

たとえば自衛隊法一一五条です。こう書かれています。

「銃砲刀剣類所持等取締法第二八条の規定は、自衛隊の保有する銃砲については、適用しない」

では銃砲刀剣類所持等取締法の二八条はどういうものなのかというと、所持を認められた銃砲の管理責任者は「総理府令で定める手続きにより、その管理する銃砲に関する記録票を作成し、かつ、保存しなければならない」、そしてさらにそれら「銃砲の種別、名称、型及び番号を国家公安委員会に通知しなければならない」というのです。

国家公安委員会が出てきます。明らかにこの条項は、警察官の所持する拳銃を主対象にしたものだとわかります。そしてこの警察官の拳銃についての管理規定は、自衛隊のもつ「銃砲刀剣類」には「適用しない」と自衛隊法一一五条はいっているのです。

ピストルなんて、自衛隊の装備全体の中ではとるにたりないものでしょう。小銃、機関銃はおろか、大砲、ミサイル、戦車、戦闘機、軍艦を、自衛隊は装備しています。そうした武器・兵器類に対して、自衛隊法はわざわざ「銃砲刀剣類所持等取締法」の適用除外規定を設けているのです。一種のブラックユーモアです。

つづく一一五条の二の消防法の適用除外もそうです。I章でもちょっとふれましたが、条文はこうなっています。

「消防法第十条第一項の規定は、自衛隊が第六章に定める行動（注・防衛出動や治安出動など）に際して、又は自衛隊の演習場において、危険物を貯蔵し、又は取り扱う場合については、適用しない」

文中の消防法第十条一項というのは、こうです。

「指定数量以上の危険物は、貯蔵所以外の場所でこれを貯蔵し、又は製造所、貯蔵所、及び取扱所以外の場所でこれを取り扱ってはならない」

自衛隊の場合の危険物とは、恐らくガソリンや火薬などでしょう。しかし、ガソリンや火薬は軍隊にとっていわば〝商売道具〟です。ガソリンがなくては戦車も装甲車も走れませんし、爆薬なしでは戦えないからです。当然、それを集積しておく必要があります。その軍隊として当然の行為に対して、わざわざ消防法の適用除外規定を設けているのです。

どうして、こんな珍妙なことになったのでしょうか。答えはいうまでもありません。軍事と絶縁した法体系の中に、軍事行動を主目的とする組織体、つまり自衛隊を割り込ませてしまったからです。そのため、苦しまぎれの法的つじつまあわせがいまなおつづけられているのです。

✣〝刑法〟で戦う自衛隊

その一つに、自衛隊員による「武器の使用」の問題があります。湾岸戦争の後、一九九二年につくられたＰＫＯ協力法、また新ガイドライン（日米防衛協力のための指針）にもとづいて九九年につくられた周辺事態法、それから昨二〇〇一年、９・11事件後につくられたテロ対策特別措置法の三つともに、ほとんど同じ文章がありま す。一応、武器の使用を認めた後の、きびしい制限規定です。順にならべてみます。

「前三項の規定による小型武器又は武器の使用にさいしては、刑法第三十六条又は第三十七条の規定に該当する場合を除いては、人に危害を与えてはならない」（ＰＫＯ協力法）

「前二項の規定による武器の使用に際しては、刑法第三十六条又は第三十七条に該当する場合のほか、人に危害を与えてはならない」（周辺事態法）

「第一項の規定による武器の使用に際しては、刑法三十六条又は第三十七条に該当する場合のほか、人に危害を与えてはならない」（テロ対策特措法）

いずれも刑法第三六条、三七条が出てきます。では、刑法三六条、三七条とはどんな条文なのでしょうか。

刑法三六条　急迫不正ノ侵害ニ対シ自己又ハ他人ノ権利ヲ防衛スル為メ已《や》ムコトヲ得サ《ざ》

ルニ出《い》テ《で》タル行為ハ之ヲ罰セス《ず》（②は略）

刑法三七条　自己又ハ他人ノ生命、身体、自由若《も》ク《し》ハ財産ニ対スル現在ノ危難ヲ避クル為メ已《や》ムコトヲ得サ《ざ》ルニ出《い》テ《で》タル行為ハ其《その》行為ヨリ生シ《じ》タル害其《その》避ケントシタル害ノ程度ヲ超エサ《ざ》ル場合ニ限リ之ヲ罰セス《ず》（以下、略）

ご覧のように、三七条は「正当防衛」、三七条は「緊急避難」といわれるものです。何か奇異な感じはしないでしょうか。もちろん、条文そのものではありません。これが、自衛隊という〝軍隊〟の行動を規定する法律の中に組み込まれているという、その点です。

周辺事態法の中に、「戦闘行為」についての定義があります（第三条）。

戦闘行為とは「国際的な武力紛争の一環として行われる人を殺傷し又は物を破壊する行為をいう」。

まさしく「人を殺傷し、物を破壊する」ことが戦闘行為（戦争）であり、軍隊とはその戦闘行為を目的として、その行為を果断かつ効率的に遂行できるように日々訓練を行っている組織体なのです。その戦闘行為を目的として存在する軍隊に、市民生活を律する刑法を適用して、正当防衛、緊急避難の場合以外に武器を使ってはならないし、「人に危害を与えてはならない」としているのです。どうしても奇異な感じがいなめません。

もっともこれに対しては、ＰＫＯ協力法はＰＫＯ活動でのことであり、周辺事態法は米軍への「後方支援」、テロ対策特措法も「戦闘行為」の行われていない地域での米軍などに対する協力支援活動なのだから、とくに武器を使っての戦闘行為は想定していないのだと説明されるかも知れません。

しかし、いま現在は戦闘行為が行われていなくても、そこは広い意味の戦場ないしは戦域なのです。いつ不測の事態が起こるかわかりません。じっさい、そういう事態を想定しているからこそ、各法律とも「武器の使用」についての規定を設けているのです。

だがその武器は、刑法で認められた正当防衛、緊急避難の場合以外には使用してはならない。「殺傷」と「破壊」を目的とする戦場に、とつぜん刑法が飛び込んでくるのです。それはちょうど迷彩服の自衛隊員の中に、紺の制服のお巡りさんが一人まぎれ込んでいるような奇異な光景にも見えます。

2　「専守防衛」の原則と〝戦えない自衛隊〟

✣自衛隊をしばった〝鉄のタガ〟

では、どうしてこんな奇異なことが生じたのでしょうか。

根本は憲法にあります。絶対平和主義ともいえる憲法の下で、先に見たように日本の法体系は軍事との縁を切ってしまいました。ところがそこに、軍事組織としての自衛隊がつくられます。軍事と絶縁した法体系と、自衛隊の軍事組織としての実体との間に、当然、さまざまの矛盾・衝突が生じます。その露頭の一つが、先ほどの刑法三六条、三七条だったのです。

周知のように、日本の再軍備は一九五〇年九月、朝鮮戦争の勃発直後、日本を占領していたマッカーサー連合国軍最高司令官の指令による警察予備隊の創設から始まります。在日米軍が朝鮮半島に出撃した後、日本国内の治安に当たらせるというのがその主目的でした。

二年後の五二年八月、警察予備隊は、人員も、アメリカから支給される兵器類の装備も拡充され、保安隊と改称されます。警察予備隊については「警察力を補うもの」という説明で何とかやりすごせましたが、戦車や大砲まで備えるとなると、戦車を「特車」、砲兵隊を「特科」といいかえても、「戦力」の保持を禁じた憲法九条との矛盾はおおい隠せないものとなります。そこで、憲法で禁じられた「戦力」とは「近代戦を戦い得る力」のことで、保安隊にはそこまでの戦力はない、いわば「戦力なき軍隊」だから憲法には抵触しないのだという珍説（牛肉ののってない牛丼というのと同じです）が主張されました。

その後五四年六月、防衛庁設置法、自衛隊法が制定され、自衛隊が発足します。さすがにもはや「戦力なき軍隊」などという詭弁は使えません。そこで、憲法九条も国の固有の権利としての「自衛権」までは否認していない、だから「自衛のための必要最小限度の実力」は保持できるのだという説が採用されました。現在も、政府はこの説に立っています。

この「自衛権」解釈によって、その後自衛隊はめざましい成長をとげ、いまや米、ロに次ぐ世界第三位の軍事予算にささえられた、最新鋭の装備をもつ軍事組織となりました。

しかし同時に、この「自衛権」解釈によって自衛隊は、孫悟空の頭にはめられた鉄の輪にも似た〝鉄のタガ〟をはめられることになりました。「専守防衛」という原則です。

名称からして自衛隊（セルフ・ディフェンス・フォース）と名づけられ、「自衛のための必要最小限度の実力」と規定されたこの軍事組織の目的と機能が、「専ら自国を防衛する」専守防衛に限定されたのは当然でした。

自衛隊法にも、「自衛隊の任務」は次のように明瞭に規定されています。

「自衛隊は、わが国の平和と独立を守り、国の安全を保つため、直接侵略及び間接侵略に対しわが国を防衛することを主たる任務と……する」（第三条）

明治はじめの台湾出兵や江華島事件から第二次大戦まで日本の軍隊は一貫して、外国へ出ていって、外国で戦う、外征の軍隊でした。それに対し自衛隊は、もはや外国に出てゆくことは許されず、自国の防衛のためにのみ戦う「専守防衛」の軍隊となったのです。

そしてこの「専守防衛」の原則から、次のことが必然的に導き出されます。

自衛隊にとっての〝戦場〟は、日本国内である、ということです。

✣演習場の中だけの〝軍隊〟

では、自衛隊は現実に、この日本の国土を〝戦場〟にして戦えるのでしょうか。

本土決戦体制のことは先にもちょっとふれましたが、本土決戦を決定した当時の政府・軍は、米軍の上陸が想定される海岸地域には塹壕を掘りめぐらし、またいたるところ特攻艇を隠しておくためのトンネルを掘りました。そしてそのための作業には国民を総動員したのです。

北海道の千歳・恵庭演習場や富士山麓の演習場、九州の日出生台《ひじゅう》演習場など、自衛隊は全国各地に演習場をもっています。この演習場の中だけで戦闘するのであれば、問題はありません。しかし「外部からの武力攻撃」(自衛隊法七六条)が演習場に限られるなどとは、五歳の子供でも考えないでしょう。戦争となれば当然、自衛隊は演習場を出て、かつての本土決戦の際と同様に海岸に塹壕を掘り、作戦上の重要地点には要塞を築いて火砲をすえつけることになります。

攻撃はまた、当然相手のウィークポイントをねらうことになりますが、日本の軍事的ウィークポイントは都市部でしょうから、要塞や陣地を構築する場所も、都市周辺部ということになるでしょう。

では自衛隊が、海岸に自由に塹壕を掘ったり、都市の周辺に要塞を築いたり、高速道路にバリケードを張ったりできるのでしょうか。もちろん、できません。そうした公共の場所での行為は、厳密な法律の網によってきびしく規制され、禁止されているからです。

したがって、かりに自衛隊が演習場を出て戦闘行為に移ろうとしても、それを可能にする法的条件はないのです。それでももし、自衛隊が戦闘行為を強行したとすれば、法の体系によって構成されている法治国家の構造そのものを破壊してしまうことになります。近代国家にあっては、絶対に許されない行為です。

こうして、「専守防衛」の自衛隊は、「外部からの武力行為」に対して国を防衛することを「主たる任務」としながら、実は現実には戦うことのできない（演習場を出て軍事行動をとることのできない）軍事組織となったのです。自衛隊の存在意義についての世論調査の結果が、軍事面では一割前後なのに対して災害救助活動の面では七割を超えていること、また自衛隊員自身も圧倒的多数が災害救助の場面で職業的満足を得ていることも、当然のなりゆきだったといえるでしょう。

Ⅳ 〝戦えない自衛隊〟から〝戦う国軍〟へ

1 有事法制研究の軌跡

✣自衛隊発足当時から開始されていた有事法制研究

以上に見てきたように、自衛隊は戦闘行為を目的とする軍事組織でありながら、現実には戦うことのできない軍事組織なのです。これは明らかな自己矛盾です。〝戦えない軍隊〟は、いわば〝飛べないカモメ〟〝泳げないイルカ〟も同然だからです。

当然、この自己矛盾は、組織の内部に激しいいらだちを生みだします。そこで、建て前と実態との間の矛盾・乖離を法的に解消するために、さまざまの努力が重ねられることになります。すなわち、有事法制の研究です。

有事法制の研究は早くも一九五三年、保安隊を自衛隊へと改組してゆく段階で開始されました。保安庁の第一幕僚部による「保安庁法改正意見要項」がそれです。そこでは、自衛隊の防衛出動の手続きや大部隊の集中・展開、陣地構築などを迅速に行うために「非常緊急立法」の制定が提言されていました。

つづいて自衛隊が発足した五四年には陸幕監理部法規班により「旧国防法令の検討、その基本法令」が作成され、五六年には防衛研修所による「列国憲法と軍事条項――政軍機構のあり方」が作成されています。表題からもわかるように、戦前の国家総動員法を中心とした国防・治安関係の法令を研究し、また諸外国の憲法と軍事条項について調査研究しているのです。さらに翌五七年には陸上自衛隊幹部学校の「人事幕僚業務の解説」が作成されます。そこでは、有事における住民対策の基本方針を定めていました（戦前・戦後の有事法制の軌跡については纐纈厚『有事法制とは何か――その史的検証と現段階』インパクト出版会に詳しく述べられています）。

✣「三矢研究」と、栗栖統幕議長の「超法規」発言

一般国民の知らないところですすめられてきたこうした有事法制研究の実態が、国会で突然暴露され、衝撃を与えたのが、いわゆる「三矢研究」です。正式には「昭和三八年度統合防衛図上研究」と名づけられたこの「研究」は、一九六三年、北朝鮮軍の再度の三八度線突破による第二次朝鮮戦争を想定したもので、旧軍の参謀本部・軍令部に当たる幕僚監部の約五〇名（それには旧陸軍士官学校出身の佐官クラスが多く含まれていたといいます）を中心に、五カ月間にわたって行われた大規模な図上演習でした。

「三矢研究」の呼称は、昭和三八年と、陸海空三軍の結束を毛利元就の三本の矢の故事になぞらえての命名でしたが、その内容は国民の肝を抜くものでした。戦術核兵器の使用可能性を明記するとともに、戦前の軍事法制を参考にしながら「非常事態措置法令」の整備をめざしていたからです。そこでは、国家総動員対策の確立、政府機関の臨戦化、人的・物的動員（徴用と徴発）、さらには軍機保護法の制定、軍法会議の設置や軍刑法の制定までが検討されていたのでした。

この「三矢研究」は六五年、国会で社会党の岡田春夫議員によって暴露されました。当初、佐藤栄作首相は「許しがたい問題だ」としていましたが、その後態度を変え、「有事

の研究は当然のこと。首相が承知していれば問題ない」として、自衛官二六人を文書管理不備として処分しただけで終わりました。

一九七八年七月、有事法制に関してまた大きな問題が起こります。その二年前、ソ連のミグ戦闘機が航空自衛隊の警戒ラインを突破して北海道の函館空港に着陸、パイロット（たしかペレンコ中尉といいました）が亡命してくるという事件が起きましたが、当時、ソ連の軍艦や軍用機が日本の領海・領空にたびたび接近してきているという情報が伝えられていました。そうした折、自衛隊制服組の頂点に立つ栗栖弘臣・統合幕僚会議議長が、奇襲攻撃を受けたときはどうするのか、と週刊誌のインタビューでたずねられ、「そのときは第一線指揮官の判断で超法規的に行動するしかない」と答えたのです。

何よりも法規を遵守しなくてはならない国家公務員が、公然と「超法規的行動をとる」と言い切ったのは大問題でした。そのため栗栖統幕議長は金丸信防衛庁長官によって辞職させられるのですが、しかし先に見たように自衛隊が平和憲法下の法体系によってきびしく拘束されており、現実に「戦えない」状態にある以上、「超法規的」に行動するほかないと答えたのは、軍人としては当然の論理だったといえます。

✣「日米防衛協力の指針（ガイドライン）」と有事法制研究

栗栖議長の「超法規」発言から一〇日後、当時の福田赳夫首相は、国防議員懇談会の席上、「有事における三自衛隊の統合防衛研究」とあわせ「有事立法研究」の促進を公然と指示します。すでにその前年、福田内閣の三原朝雄防衛庁長官は防衛庁内部の会合で有事法制の研究をすすめるよう指示を出していましたが、首相の指示によってこれが政府の方針となったのです。

その背景には、当時、日米の軍当局者によってすすめられていた「日米防衛協力のための指針（ガイドライン）」の策定がありました。このガイドラインとは、米軍と自衛隊とが実際に共同作戦行動をとるさいに、どう役割を分担し、どう協力するかを決めたものです。日米安保条約の第五条には、日本への武力攻撃があったさいには両国が「共通の危険に対処するように行動する」と「共同防衛」が定められています。しかし巨大な軍組織を動かすのですから、あらかじめ役割分担を決めた上で、どう協力するのか、その調整のための仕組みなども決めておく必要があります。そうしたことがきちんと決められていないと、日米安保条約の「共同防衛」も絵に描いた餅で終わるのです。

改定安保条約の成立から一八年、ガイドラインの策定によってようやく日米両軍が実際に共同作戦行動をとることができるようになりました。当時、自衛隊のある高官が「これでやっと安保に魂が入った」と漏らしたそうですが、それはそのことを指していたのです。

しかし、ただ役割分担や協力の仕方を決めただけでは、まだ日米両軍が動き出すことはできません。動ける条件をととのえる必要があります。自衛隊は先に述べたようにきびしい法的制約を受けていますから、ガイドラインに従って日本国内を主戦場に戦うには、その法的制約を解除しなくてはなりません。一方、米軍の作戦行動を保障するためには、補給や輸送、整備などいわゆる後方支援が求められます。それに応えるためには、それを可能にする法令を準備しなくてはなりません。

こうして、日米防衛協力のガイドラインの策定は、必然的に有事法制の研究をうながすことになったのです。

その後、有事法制研究は三つの分野にわけてすすめられます。第一分類は防衛庁所管の法令についての検討、第二分類は他省庁所管の法令についての検討、最後の第三分類は所管の省庁が明確でない事項に関する法令についての研究です。

このうち第一分類については早くも八一年に中間報告が発表され、第二分類についても八四年に中間報告が公表されます。そこには、検討すべき点を含む法令として、道路法、海岸法、河川法、森林法、自然公園法、建築基準法、医療法、そして墓地、埋葬等に関する法律など、今回の自衛隊法改正案に登場した法令が列挙されていました。つまり、自衛隊にとって当面必要な有事法制の枠組みと内容は、すでに八〇年代の前半までに確定されていたのです。

しかしそれは、以後ずっと防衛庁・自衛隊の内部にとどめられることになります。なぜか。へたに法案化を急げば、国民の反戦・平和意識を刺激して、自衛隊への反発を招くことが予想されたからです。（なお、第三分類については中間報告はなく、今回の有事法案でも今後二年以内に法整備することになっています。）

こうして有事法制問題はしばらく政治の表面から姿を消すことになりますが、やがて冷戦の終結を迎え、湾岸戦争を機に自衛隊の海外出動が実現、ＰＫＯ協力法の制定をへて新ガイドラインの策定、それを受けての周辺事態法の制定、そして昨年のテロ対策特措法制定の後、有事法制の研究に着手してから四九年、ついに有事法制関連法案が小泉内閣の手で国会に提出されたのです。

2 〝戦場の脇役〟から〝戦場の主役〟へ

✣海外に出た自衛隊

一九九〇年八月、フセイン大統領独裁下のイラク軍が、隣国クウェートに侵攻、またたくまに制圧します。湾岸危機の発生です。米国のブッシュ大統領はただちに対イラク武力制裁を決意、インド洋の空母をペルシャ湾に向かわせるとともに、同盟国に対して米国への同調・協力を要請します。

日本の海部俊樹首相のもとにもブッシュ大統領からの電話が入りました。海部内閣は財政支援を決定、以後湾岸戦争にいたるまでの半年間に総計一三〇億ドル（当時のレートで一兆七千億円）を拠出します。

しかし、この巨額の財政支援は評価されませんでした。日本は、カネは出すが人は出さない、汗も流さない、という批判の声が、むしろ日本国内で数多く聞かれたのです。

それから一一年を過ぎて今年（〇二年）四月二日、朝日新聞の三浦俊章ワシントン特派員によるブレント・スコウクロフト氏へのインタビュー記事が同紙の紙面に載りました。スコウクロフト氏は前のブッシュ政権で国家安全保障問題担当の大統領補佐官を務めた人物です。

三浦特派員が、昨年の米軍のアフガン報復戦争のさい日本が自衛艦をインド洋に派遣したことについて、一一年前の湾岸戦争のときと比べてどう考えるかと尋ねたのに対し、同氏はこう答えていました。

「比較は難しい。今回の戦争は軍事的には余りにも規模が小さい。湾岸では軍隊50万人と資材を輸送した。日本は（130億ドル支援という）決定的に重要な財政的貢献をした。日本が払った努力は当時の方が大きい」

さらに、三浦特派員が「人的貢献抜きだったので国際社会から感謝されなかったとの『反省』があります」と述べたのに対し、スコウクロフト氏はこう断言したのです。

「米国は他国の軍隊を必要としなかった。一緒に戦ったことのない軍隊を入れるよりは、米軍単独の方が戦いやすいからだ。あのとき必要なのは財政支援だった」

事実はこうだったのです。しかしそうしたホンネは伝えられず、日本国内では自衛隊派遣による「国際貢献」の声が高まります。一〇月、政府は臨時国会を召集、「国連平和協力法案」を提出しました。とにかく何が何でも自衛隊を送り出したい、その願望だけが先に立っての法案提出でした。しかし自衛隊は、政府の説明でも「専守防衛」の軍隊なのです。海外に出ることなど、とうてい認められません。そこで「国連平和協力隊」への参加という苦肉の策が考え出されたのです。

では、どんな形で自衛官を「平和協力隊」に参加させるのか。議論は混乱をきわめます。最初は「休職」しての「出向」、次に「併任」、それから「派遣」……。結局、この法案は廃案となりました。

しかし翌年、湾岸戦争の後の四月、海上自衛隊の掃海艇四隻と補給艦一隻がペルシャ湾に向かいます。その法的根拠を、海部首相は自衛隊法九九条の「機雷その他の危険物を除去できる権限」に求めました。「専守防衛」の自衛隊なのだから、その権限の範囲が領海内に限られているのは自明であるはずなのに、その範囲を遠く一万三千キロ離れたペルシャ湾にまで広げた途方もない拡大解釈でした。

それでもとにかく「国際貢献」を錦の御旗に、自衛隊は海外出動の突破口を開きました。当時の池田防衛庁長官は「自衛隊の歴史に新しい一ページを開くもの」とたたえ、佐久間海上幕僚長はＰ３Ｃ対潜哨戒機に乗り込んで空から出港を見送りました。

その翌九二年六月、国際平和協力法（ＰＫＯ協力法）が成立します。そしてまずカンボジアへ、つづいてモザンビーク、ルワンダ、それからゴラン高原へと自衛隊の海外派遣が常態化していったのでした。

✣「安保再定義」から新ガイドラインへ

冷戦が終わり、ソ連邦が解体、米国が唯一の超大国となって、国際情勢は一変します。もともと冷戦下でソ連を仮想敵として結ばれた日米安保条約は、ここでその役割を終えたはずでした。しかし日米安保体制は維持され、逆に強化されていきます。

アジア太平洋での覇権を維持するため、米国は日本にその補佐役としての任務とコスト分担を要求します。日本政府もまた、米国との協力によって政治・軍事大国へのコースをとることを得策として受け入れます。そのため、九〇年代半ば、日米安保体制の見直しが、米国のイニシアティブですすめられました。いわゆる「日米安保再定義」です。

九六年四月、橋本総理大臣とクリントン大統領による「日米安全保障共同宣言」が発表されますが、そこには次のような言葉がありました。

「両首脳は、日米両国の安全と繁栄がアジア太平洋地域の将来と密接に結びついていることで意見が一致した」

「総理大臣と大統領は、日米安保条約が日米同盟関係の中核であり、地球的規模の問題についての日米協力の基盤たる相互信頼関係の土台となっていることを認識した」

「アジア太平洋地域」「地球的規模」という言葉が出てきます。日米軍事協力の範囲は、安保条約の条文にある「極東」から、「アジア太平洋」さらに「地球的規模」にまで一挙に拡大されたのです。「再定義」とぼかしながら、実質は安保改定でした。

この「安保再定義」に対応してすすめられたのが、七八年に策定された「日米防衛協力のための指針（ガイドライン）」の見直しです。作業は九六年から始められ、九七年九月、日米安保協議委員会で新ガイドラインが確認されました。

そこで新たに導入されたのが、「周辺事態」という概念です。その定義は、「日本の平和と安全に影響を与える事態である。周辺事態の概念は、地理的なものではなく、事態の性質に着目したものである」となっていました。「周辺」という、場所を指示する地理的用語を使いながら、しかし「地理的なものではない」というのです。こうしたあいまいさは、恣意的な解釈を許します。いわば伸縮自在の「概念」なのです。その適用範囲を「極東」から「アジア太平洋」、さらには「地球的規模」へと拡大した「新日米安保」が、この「周辺事態」に象徴されていました。

あわせて新ガイドラインには、日本の役割として「後方地域支援」が明記され、補給、輸送、整備、衛生、警備、通信などとともに「民間空港・港湾の使用」「機雷除去」「船舶検査」など四〇項目が挙げられていました。

この新ガイドラインを実行に移すため、「日米安保条約の効果的な運用に寄与」することを目的に新たにつくられたのが、周辺事態法でした。新ガイドラインで導入された新しい概念「周辺事態」がそのまま法案名になっていました。ただ、新ガイドラインではあまりにもボウバクとしすぎていると考えたのでしょう、「周辺事態」の規定は多少限定的になっていました。つまり——

「そのまま放置すればわが国に対する直接の武力攻撃にいたるおそれのある事態等わが国周辺の地域におけるわが国の平和および安全に重要な影響を与える事態」。

ご覧のように「わが国周辺の地域」とされたのです。もちろん、どこまでを周辺とするかについてはいくらでも解釈の余地があります。

周辺事態法にはさらにもう一つ、わかりにくい概念が持ち込まれていました。「後方地域」です。こう「定義」されていました。

「わが国領域並びに現に戦闘行為が行われておらず、かつ、そこで実施される活動の期間を通じて戦闘行為が行われることがないと認められるわが国周辺の公海およびその上空の範囲を言う」

一、二度読んだくらいでは頭に入りませんが、とにかく、「安全な地域での話なんだ」と強調していることはわかります。しかし、ミサイルを撃ち合う現代の戦争において、戦場の「周辺」ではたして絶対に安全だといえる地域があるのでしょうか。

さて、その「後方地域」で自衛隊が米軍に対して行う支援活動は次の二つです。

一つは「後方地域支援」と名づけられたもので、補給、輸送、修理および整備、医療、通信、空港および港湾業務、基地業務があげられています。軍事用語では兵站《へいたん》（ロジスティックス）と呼ばれるものです。

もう一つは、戦闘で遭難して行方不明になった米兵の捜索救助活動です。

この二つは、その重要性の認識において日本とアメリカとでは決定的といえるほど異なります。旧日本軍は、中国大陸や東南アジアに派兵するにあたり、物資の補給や役務は〝現地調達〟を基本としました。そのため出兵した地域で現地住民に対する無数の略奪行為を生み、また戦闘による戦死者を上まわる餓死者を生じさせたのでした。

それに対し、米軍は、兵站をきわめて重視します。太平洋戦争末期、米軍は沖縄上陸作戦のため艦船一五〇〇隻で沖縄本島を包囲します。首里の丘の上から海を見ると、水平線が真っ黒に見えたといいます。その一五〇〇隻には、もちろん空母、戦艦をはじめ戦闘艦も含まれていましたが、その多くは補給艦や輸送艦でした。総兵力は五五万人で、湾岸戦争でペルシャ湾岸に集結した米軍五〇万人に匹敵しますが、そのうち地上戦闘隊は一九万人で、残り三〇数万人は支援要員だったのです。沖縄戦で捕虜になった人たちが最も驚いたのは米軍兵士用の豪華なレーション（弁当）でした。その中には食後の一服のための煙草も添えられていたといいます。兵器、弾薬はもちろん物資も十二分に用意した上で戦うのが米軍なのです。したがって、兵站（ロジスティックス）はきわめて重視されます。その後方地域での兵站を、自衛隊は分担することになったのです。

また、行方不明兵士の捜索救助も、日米では天地の差があります。

旧日本軍では兵士の命は極度に軽視され、一枚の赤紙（召集令状）で兵士を戦地に駆り出すことができたため、当時の葉書の値段から、兵士の命は「一銭五厘」と自嘲的に言われていました。太平洋戦争の後半期に入ると、戦死者の遺骨を納めたという〝白木の箱〟が続々と家族のもとに帰ってきましたが、その白木の箱に遺骨が納められていることはほとんどありませんでした。

それに対し米軍は、戦死者の扱いをきわめて重視します。なにしろ半世紀前の朝鮮戦争での戦死者の遺骨の捜索、引き取りを、いまだに朝鮮民主主義人民共和国との交渉事項の一つとしているのです。その朝鮮戦争のさい北九州では戦死者の遺体を修復し、化粧をほどこす作業が、日本人のアルバイトなどを使って行われました。棺に納め、星条旗に包んで本国の家族のもとに送るためです。同様の作業は、ベトナム戦争のさい沖縄の牧港補給基地でも大規模に行われました。

戦死者をこれだけ大切にするのですから、まだ生存中と思われる戦闘での行方不明兵士の捜索を重視するのは当然です。沖縄の嘉手納空軍基地には、救難ヘリコプターを装備した航空救難・捜索・回収部隊が配備されています。つまり米軍にとっては、遭難した将兵の捜索・救助は作戦行動の重要な一環なのです。その重要な作戦行動の一環を、自衛隊が担当することとなったのです。

こうして周辺事態法の成立により、自衛隊は「後方地域」での兵站と戦闘遭難者の捜索・救助活動という限定つきながら、米軍の戦争に〝参加〟することになりました。「専守防衛」で国外に出て戦うことなどとうてい認められなかった自衛隊が、「周辺事態」と認定されれば公海上での戦争に参加できることになったのです。

✣テロ対策特措法による自衛隊の戦争参加

しかしその後、自衛隊が海外に出て〝参戦〟したのは、この周辺事態法によってではありませんでした。

二〇〇一年九月一一日、米国で同時多発テロが起こります。四日後の一五日、アーミテージ米国務副長官は柳井駐米大使と会談、日本政府に対し全面協力の態度決定を求めました。このときのキーワードが「ショウ・ザ・フラッグ」(日の丸を見せて欲しい)でした。

のちの記者会見(一〇月五日)で国務副長官は、米国が日本に求めたのは、「日本が米国と共にあるかどうか」「全面的に関与するのかどうか」の二者択一の選択を求めたのであり、海上自衛隊による燃料や物資の補給など自衛隊による貢献もそこに含まれていた、と説明しました。

アーミテージ副長官からの要請を受けた翌一六日、小泉首相は早くも山崎自民党幹事長に対し、自衛隊による米軍支援のための新たな法律制定の検討を指示、政府・与党は新法の検討に入ります。

周辺事態法は二年前(九九年五月)に成立していました。しかしその適用範囲である「後方地域」は前に述べたように「わが国周辺の公海」とされています。インド洋、アラビア海でアフガン報復戦争の準備に入っていた米軍を支援することまで「わが国周辺」に含めるのは、さすがに無理です。そこで新たな法律が、それも大至急必要になったのでした。

一九日、小泉首相は、自衛艦の派遣など新法の内容を先取りした対応策を発表します。

二日後の二一日早朝、インド洋へ向かって横須賀基地を出港した空母キティホークを、海上自衛隊の護衛艦二隻が護衛しました。出撃する米軍の空母を護衛することは作戦行動の一体化にほかならず、禁じられた「集団的自衛権」の行使に当たります。そこで防衛庁はその法的根拠を、防衛庁設置法五条一八項の「防衛庁の所轄事務の遂行に必要な調査・研究」だと強弁しました。「護衛」が「調査」に化けたのです。

二五日、小泉首相はワシントンへ飛び、ブッシュ大統領と会談、米国に可能な限りの貢献ができるよう新法を準備している、と伝えました。

一〇月六日、航空自衛隊のC131輸送機六機がパキスタンへ向け、難民救助用のテントや毛布を積んで愛知県の小牧基地を飛び立ちました。C131は積載量も少ない上、途中で三ヵ所に立ち寄って給油しなくてはならないため、三日もかかります。これくらいの量なら、民間の貨物機を使えば一機で、しかも一一時間で運べます。しかし、政府はあえて自衛隊機を使ったのです。

以上の経過から見えてくるのは、何が何でも自衛隊を出したいという願望です。湾岸危機のときも同じでした。違っているのは、湾岸のときは自衛隊が参加するのは戦争ではなくPKO（平和維持活動）でしたが、今回はまぎれもなく戦争だということです。

一〇月八日、米軍はアフガン攻撃を開始します。

一〇月一一日、衆院特別委員会での「テロ対策特別措置法案」の審議が始まりました。その後わずか一八日間の国会審議で、一〇月二九日、二年間の時限立法としてテロ対策特措法が成立したのです。

このテロ特措法が成立したとき、ある自衛隊幹部は、こう述懐したそうです（読売新聞、10・30）

「過去には出来なかったことが、とうとう……。不思議な感じすらしてくる」

テロ特措法の成立から一〇日後の一一月九日、護衛艦二隻と燃料を積んだ補給艦一隻がアラビア海へ向かいました。ついで二五日には、護衛艦、掃海母艦、補給艦各一隻が出港していきました。インド洋に浮かぶ英領の米軍基地ディエゴガルシアへの物資輸送とパキスタンへの援助物資輸送が目的でした。

一二月二日、先に出航していた補給艦はアラビア海上で米海軍の補給艦に燃料を補給、つづいて翌三日にも補給を行いました。以後、補給活動は年を越して五月まで続けられます。なお、補給した軽油は無償、つまり無料でした。一二月四日には、航空自衛隊もまたC131輸送機を使ってのグアム方面への米軍兵士の輸送を行いました。

こうして、発足から四七年、自衛隊はついに戦時に作戦活動中の米軍に対する支援活動を実行しました。つまり〝戦争に参加〟したのです。

九一年四月、掃海部隊がペルシャ湾へ向かったとき、池田防衛庁長官は「自衛隊の歴史に新しい一ページを開いた」と述べましたが、それから一〇年をへて〝二ページ目〟がめくられたのです。「過去にはできなかったことが、とうとう……」という先の自衛隊幹部の述懐は、文字どおり実感だったでしょう。

✣作戦の〝脇役〟から〝主役〟への道

自衛隊はこうしてついに戦争への参加を実現しました。しかしその活動領域はあくまで米軍への支援（兵站）に限定されています。

支援（兵站）が軍隊の作戦行動の重要な部分を構成することは先に述べました。それでもやはり支援は後方活動であって、戦場で戦うのは支援部隊ではありません。作戦の〝主役〟が戦闘部隊だとすれば、支援部隊は〝脇役〟ということになります。

旧日本軍では兵站が極度に軽視されていたことは、これも前に述べました。旧軍では輸送を担当するのは輜重《しちょう》兵科でしたが、こんな戯れ歌もありました。

――輜重輸卒が兵隊ならば、チョウチョ、トンボも鳥のうち

輜重兵科は不当にも軽視され、軽侮されていたのです。その結果、南方の島々での日本軍の戦死者の大半が、砲弾によってではなく飢えと疾病によるものとなったのです。

現在の自衛隊は、もちろん旧日本軍とは違うでしょう。しかし軍隊である以上、また戦車や大砲、ミサイル、機銃などを使って日々訓練を行っている以上、〝脇役〟よりも〝主

役〞をめざすのは当然でしょう。

テロ対策特措法によりアラビア海、インド洋で自衛隊の補給艦が米英の艦船に実施した燃料補給は、今年二月末現在で三八回、補給量は約五万九千リットル、金額にして約二三億円分だそうですが、その補給の様子を取材した朝日新聞の有馬史記記者は、こう伝えていました。(同紙、2・21)

「Thank you for free fuel(無料の燃料をありがとう)

補給後、相手艦からこんなメールが届くことがある。純粋な謝意であっても、現場の海自幹部は『はがゆい思い』を漏らす。補給艦はいわば『洋上のガソリンスタンド』。『同等の仲間』に見られていないと感じるのだ」

同じ職業軍人として「はがゆい思い」を抱き、「同等の仲間」になりたい気持ちは、軍人でなくともわかります。しかし、自衛隊がまだ〝海外で戦える軍隊〞ではなく、その任務を「支援」活動に限定されている以上、「同等の仲間」にはなれないのです。

自衛隊が米軍と「同等の仲間」になるまでには、次の三つの関門を突破することが必要です。

①海外に出ること

②戦争に参加すること

③戦闘行為に参加すること

このうち①の関門は、ペルシャ湾への掃海部隊派遣とそれにつづくPKOで突破しました。②の関門も、今回のテロ対策特措法によって突破しました。残るのは、③だけです。

しかし、戦争体験者が高齢化し、国民の反戦・平和意識が薄まり、政権党の対抗勢力が弱まったといっても、いっそく跳びに③を実現することはまだまだできる状況にはありません。

✣演習場を出た後、自衛隊は…

自衛隊は依然として「専守防衛」の「自衛」のための軍事組織なのですから、戦闘行為の予定されている戦場は日本国内です。

ところがその国内でも、現実には自衛隊は戦闘行為がとれないのです。すでに繰り返し述べてきたように、平和憲法法体系によって戦闘のための行動の自由を奪われているからです。したがって自衛隊は、アジアではずばぬけた最新鋭の装備をもちながら、〝戦えない軍隊〟〝演習場の中だけの軍隊〟にとどまってきたのです。

そこで自衛隊が、米軍と「同等の仲間」になるためには、まず国内で〝戦える軍隊〟となることが必要ですです。正確には〝戦える軍隊〟として認知されることです。

戦闘の実力はすでに十分そなえています。海上自衛隊は米海軍を中心に他国の海軍も加わったリムパック（環太平洋合同演習）に八〇年以来参加し、その射撃の技能の高さは米軍から認められていますし、陸上自衛隊も米海兵隊との合同演習を重ねてきています。

何よりも日本軍は、六〇年前には米軍と正面から戦ったのです。そのケタ違いの国力（生産力）の差と非合理的な精神主義、それに何のために戦うかという大義名分（普遍的な正義、理想）を欠いていたために敗北しましたが、個々の戦闘では幾度も米軍を圧倒しましたし、末期には自爆的攻撃で畏怖させたのです。

自衛隊はすでに軍隊として戦う実力は十分にそなえています。それが本来の軍隊として立ち上がるためには、実際に戦える条件をととのえ、〝戦う軍隊〟としての国民的認知を得ればよいのです。それには何よりも、法的なしばりを解かなくてはなりません。法的制約を解除して、戦うための行動の自由を獲得しなくてはならないのです。

そしてこれが、今回の有事法制関連法案、直接には自衛隊法改正案のねらいです。この改正案が成立すれば、これまでの法的しばりを解かれ、戦う行動の自由を獲得して〝戦う自衛隊〟として認知されることになります。

〝戦う自衛隊〟として認知されれば、当然、演習場を出て海岸や河川敷や都市公園などで陣地構築などの訓練をしたりすることになるでしょう。「外部からの武力攻撃」を前提として法律まで制定されたのですから、それに備えての訓練が必要になるのは当然だからです。その防御施設や陣地構築訓練の場所の選定は、「外部からの武力攻撃」を受けやすい、つまり上陸などが予想されるといった軍事的な観点と同時に、政治的な観点、つまり国民「啓蒙」の観点からも選定されていくでしょう。

陣地構築などの訓練をやれば、ついでその構築した陣地などを使っての訓練や演習も必要になってくるはずです。それぞれの地形に応じた陣地や防御施設の使い方を訓練しておかなければ、せっかく作った陣地や防御施設も十二分に活用できないからです。

こうして、これまでは一般にはまったく目に触れることのなかった自衛隊の訓練や演習の光景が、さして珍しいものではなくなるでしょう。それにつれて、〝戦う自衛隊〟に対する国民の認知度もまた次第に深まっていくでしょう。

ここから、〝海外に出て戦う自衛隊〟まではあと一歩です。「国際貢献」「国際協調」の声は、これから強まることはあっても弱まることはありません。米国からの「共同防衛」のための役割・コスト分担の要請もいっそう強まっていくでしょう。

テロ対策特措法の成立の後、十二月七日、わずか一五日間の国会審議で「国連平和維持（ＰＫＯ）協力法」の改正が成立しました。改正点の一つは、ＰＫＯ協力法に書かれていながら実施が凍結されていたＰＫＦ（国連平和維持軍）本体業務への参加が解除されたことでした。

ＰＫＦ本隊業務とは、停戦や武装解除などの監視、緩衝地帯などでの駐留や巡回、武器の搬入・搬出の検査、紛争当事者の捕虜交換の援助などです。直前までは戦場だった、まだ硝煙の臭いの残っているようなところで、停戦や武装解除などを監視したり、捕虜交換にまでかかわるのですから、当然危険をともないます。そのため、もう一つの改正点として「武器使用」の条件が緩和されたのです。

こうして、自衛隊の海外での軍事行動の敷居はますます低くなっていきます。そしても し、９・11事件のようなことが再度起こったとしたら、すでに〝戦う自衛隊〟としての実績を積み上げた自衛隊は、今度は支援部隊でなく米軍の「同等の仲間」として海外に出て行くことになるでしょう。

そのときの自衛隊は、もはや「自衛」隊ではなく、〝戦う国軍〟となっているはずです。

V　平和憲法か、有事法制か

✣米軍と「同等の仲間」めざす自衛隊幹部

有事法制関連法案が国会に提出された後、自衛隊の隊員たちに感想をたずねた記事が朝日新聞に出ていました（02・4・26付）。

若い隊員たちの多くは「正直いってよく分かりません」という答えだったそうですが、陸上自衛隊の一人の二〇代の隊員はこう不安を漏らしたそうです。

「自衛隊にいながら、『戦争』を実感したことはなかったが、法が出来れば、より現実的に考えざるを得なくなる」

この人は今回の法案の本質を直感的につかみとっているのでしょう。今回の自衛隊法改正案はこれまで述べてきたように、発足以来の〝戦えない自衛隊〟を〝戦える自衛隊〟へと脱皮させるものだからです。葉っぱの上を這っていたイモムシが、空中を飛ぶチョウになるのです。

今回の有事法制関連法案は、「外部からの武力攻撃」という現実には政治的・経済的・軍事的に見てまったくあり得ない空想的な仮定を前提として、非常事態に対処する国家体制の枠組みをつくり、その枠組みの中で自衛隊をイモムシからチョウへと一変させようというのが、そのねらいなのです。

有事法制の整備はⅣ章で見たとおり、自衛隊発足当初からの宿願でした。〝戦えない軍隊〟〝演習場の中だけの軍隊〟という軍事組織としては本質的な矛盾を解消する道は、それしかなかったからです。

有事法制への道は、しかしきわめて困難でした。日本国民の間に反戦・平和の意識が広く根を張っていたためです。それでも先に見たように、九〇年代に入り自衛隊をめぐる状況は大きく変わってきました。とくに「日米安保再定義」以降、新ガイドラインから周辺事態法へと日米同盟は一段と深まり、さらに今回のテロ対策特措法によって自衛隊の〝出番〟が一挙にふえました。

こうした状況の変化は、当然、自衛隊の内部にも影響するでしょう。

この四月一九日、米国がイラクへの軍事行動を想定したうえで、日本政府に対し、イージス艦やP3C哨戒機のアラビア海派遣を含む協力を非公式に要請していることがわかったと報道されました（朝日、同日付夕刊。以下も朝日の報道）。

つづいて同月二九日、自民、公明、保守の与党三幹事長が訪米、アーミテージ国務副長官、ウォルフォビッツ国防副長官と会談したさい、イージス艦、P3Cの派遣要請が、公式にあったと報じられました（4・30夕刊）。

いつもながらの強引なやり方で、アメリカは日本をイラクとの戦争にまで引きずり込もうとしているのか、とこの記事を読んだ人は思ったはずです。ところが、五月六日、一面トップにとんでもない記事が出ました。

「海幕、米軍に裏工作」
「イージス艦、対日要請を促す――対イラク戦の前に」

記事によると、四月一〇日、防衛庁海上幕僚監部の幹部が在日米海軍のチャプリン司令官を横須賀基地に訪ね、準備したメモ書きにしたがって次のように米国側から日本政府に要請してほしいと働きかけたというのです。

「海自イージス駆逐艦は警戒監視能力に優れ、米海軍との情報交換分野で相互運用性（インターオペラビリティー）が強化できるので、派遣を期待する」

「捜索救難の分野で高度の水上監視能力を持つ海自Ｐ３Ｃ哨戒機による支援を期待する。もしディエゴガルシア島近辺に来てもらえば大いに評価する」

「海自補給艦２隻のインド洋展開をできる限り長く維持してもらえれば非常に喜ばしい」

さらに、この情報をもたらした「米軍事筋」は、海自幹部が、この働きかけを行った理由としてこう説明したことも明らかにしたそうです。

「仮に米軍が対イラク開戦に踏み切ってしまってからでは、イージス艦やＰ３Ｃの派遣は難しくなる。何もないうちに出しておけば、開戦になっても問題にならないだろう」

語るに落ちたともいえますが、しかしこれがこの海自幹部のホンネだったのでしょう。シビリアン・コントロールも、集団的自衛権行使の禁止も眼中にないこの海自幹部の働きかけは、しかし米軍に受け入れられ、先の報道に見たように、国務、国防両副長官から与党三幹事長への「公式要請」となったのです。

アラビア海で米艦への燃料補給を指揮していた海自幹部は「はがゆい思い」を漏らしていました。「洋上のガソリンスタンド」から「同等の仲間」をめざす気持ちは、海自全体を率いるこの海幕幹部にはいっそう鬱勃《うつぼつ》としてあったものと思われます。

「同等の仲間」指向は、自衛隊の制服組だけではありません。今年の防衛白書では、はじめて防衛庁の「防衛省」への昇格の問題が取り上げられました。そこにはこう書かれていました。

「安全保障、危機管理に取り組む国の姿勢を内外に示すことになり重要である」「防衛庁として早期成立を望んでいる」

こうした動きと連動して、今回の有事法制関連法案は国会に提出されているのです。

✣〝米国の戦争〟に巻き込まれる！

今回の武力攻撃事態法案で国会でも取り上げられている問題の一つに、「武力攻撃事態」と周辺事態法の「周辺事態」との関係があります。もう一度、二つを引用します。

＊武力攻撃事態——武力攻撃（武力攻撃のおそれのある場合を含む）が発生した事態または事態が緊迫し、武力攻撃が予測されるに至った事態をいう。

＊周辺事態——そのまま放置すればわが国に対する直接の武力攻撃に至るおそれのある事態等わが国周辺の地域におけるわが国の平和および安全に重要な影響を与える事態。

周辺事態の後半、「わが国周辺」の箇所は一応おくとして、少なくとも前半部分が「武力攻撃事態」に重なるのは明らかでしょう。

ところで、新ガイドラインに基づいてつくられた周辺事態法は、「日米安保条約の効果的な運用に寄与」することを目的に、自衛隊の米軍に対する「支援」の内容を定めたものでした。つまり周辺事態法は、米軍支援のための法律なのです。ということは、武力攻撃事態法案も、その〝米軍支援法〟と共通の「事態」を想定しての法案なのですから、これもまた米軍支援と密接につながることになるでしょう。

かりに「周辺事態」が発生したとします。その事態は同時に「武力攻撃事態」なのですから、武力攻撃事態法が発動され、自衛隊への出動（待機）命令とともに、自治体や企業、国民の一部に対する動員命令が下されます。そして一方、周辺事態法にもとづいて米軍への支援体制も組まれるということになります。結果として、自衛隊を中心に、国を挙げて米軍を支援するということになるのではないでしょうか。つまり——国を挙げて米国の戦争に参加・加担するということになるのではないでしょうか。

恐れがないとはいえません。現在の米国は明らかに常軌を逸しています。他国を一方的に「ならず者」「悪の枢軸」よばわりし、自国民の敵愾心と憎悪をかりたて、正当な理由もなく他国民の上に爆弾の雨を降らせようとするのは、軍国主義時代の日本と同じです。そうした愚かな行為がどんな悲惨な結果を招くかを、私たち日本国民は身をもって体験し、平和憲法を受け入れ、守ってきたのです。

このような覇権主義に囚われた大国の引き起こす愚かで悲惨な戦争に、自動的に巻き込まれていくような法律が、どうして認められるでしょうか。

✣一人ひとりが問われている

有事法制関連法案は、たしかにわかりにくい法案です。

しかし、その本質を見抜かなくてはなりません。

その本質は、平和憲法の法体系によって〝戦えない（戦わない）軍隊〟となっている自衛隊を立ち上がらせ、〝戦う国軍〟に変貌・変質させ、この国を再び〝戦争をする国〟に変えて、とくに米国の戦争に参加していこうとするねらいを持った法案なのです。

日本国憲法の平和主義は、再軍備（自衛隊の創設）によって、深いダメージを受けました。しかし、死んだのではありません。それはたとえば「武力の行使」禁止条項によって直接、自衛隊の軍事力行使の手をしばり、また日本の法体系から軍事条項を追放することによって自衛隊の行動の自由を拘束してきたのです。平和憲法はまだその程度にはしっかりと生きているのです。

しかし、もし今回の有事法制関連法が成立すれば、平和憲法の空洞化は致命的となります。自衛隊（軍隊）の行動の自由を抑制できなくなった憲法は、もはや平和憲法とは呼べません。

いま、国会では憲法調査会が活動を続けています。憲法改正問題はそこで扱われるのだろうと、多くの人が考えています。事実は違います。本当の憲法改正劇は、憲法調査会ではなく、いま私たちの目の前で、この有事関連法案をめぐって展開されているのです。

平和憲法を捨てて、ふたたび戦争をする国の国民に戻るのか——。

それとも、

平和憲法を守り、平和憲法をとりでとして、「全世界の国民が、ひとしく恐怖と欠乏から免れ、平和のうちに生存する権利」の実現・確立に努めるのか——。

いま、私たち日本国民の一人ひとりが問われているのです。

〈資料〉武力攻撃事態法案

武力攻撃事態における我が国の平和と独立並びに国及び国民の安全の確保に関する法律（案）

法案提出の理由

我が国に対する外部からの武力攻撃（武力攻撃のおそれのある場合を含む。）が発生した事態又は事態が緊迫し、武力攻撃が予測されるに至った事態への対処について、基本理念、国、地方公共団体等の責務、国民の協力その他の基本となる事項を定めることにより、武力攻撃事態への対処のための態勢を整備し、併せて武力攻撃事態への対処に関して必要となる法制の整備に関する事項を定め、もって我が国の平和と独立並びに国及び国民の安全の確保に資することとする必要がある。これが、この法律案を提出する理由である。

第一章　総　則

（目的）

第一条　この法律は、武力攻撃事態への対処について、基本理念、国、地方公共団体等の責務、国民の協力その他の基本となる事項を定めることにより、武力攻撃事態への対処のための態勢を整備し、併せて武力攻撃事態への対処に関して必要となる法制の整備に関する事項を定め、もって我が国の平和と独立並びに国及び国民の安全の確保に資することを目的とする。

（定義）

第二条　この法律において、次の各号に掲げる用語の意義は、それぞれ当該各号に定めるところによる。

一　武力攻撃　我が国に対する外部からの武力攻撃をいう。

二　武力攻撃事態　武力攻撃（武力攻撃のおそれ

のある場合を含む。）が発生した事態又は事態が緊迫し、武力攻撃が予測されるに至った事態をいう。

三　指定行政機関　次に掲げる機関で政令で定めるものをいう。

イ　内閣府、宮内庁並びに内閣府設置法（平成十一年法律第八十九号）第四十九条第一項及び第二項に規定する機関並びに国家行政組織法（昭和二十三年法律第百二十号）第三条第二項に規定する機関

ロ　内閣府設置法第三十七条及び第五十四条並びに宮内庁法（昭和二十二年法律第七十号）第十六条第一項並びに国家行政組織法第八条に規定する機関

ハ　内閣府設置法第三十九条及び第五十五条並びに宮内庁法第十六条第二項並びに国家行政組織法第八条の二に規定する機関

ニ　内閣府設置法第四十条及び第五十六条並びに国家行政組織法第八条の三に規定する機関

四　指定地方行政機関　指定行政機関の地方支分部局（内閣府設置法第四十三条及び第五十七条（宮内庁法第十八条第一項において準用する場合を含む。）並びに宮内庁法第十七条第一項並びに国家行政組織法第九条の地方支分部局をいう。）その他の国の地方行政機関で、政令で定めるものをいう。

五　指定公共機関　独立行政法人（独立行政法人通則法（平成十一年法律第百三号）第二条第一項に規定する独立行政法人をいう。）、日本銀行、日本赤十字社、日本放送協会その他の公共的機関及び電気、ガス、輸送、通信その他の公益的事業を営む法人で、政令で定めるものをいう。

六　対処措置　第九条第一項の対処基本方針が定められてから廃止されるまでの間に、指定行政機関、地方公共団体又は指定公共機関が法律の規定に基づいて実施する次に掲げる措置をいう。

イ　武力攻撃事態を終結させるために実施する次に掲げる措置

（1）　武力攻撃を排除するために必要な自衛隊が実施する武力の行使、部隊等の展開その他の行動

（2）　（1）に掲げる自衛隊の行動及びアメリカ合衆国の軍隊が実施する日本国とアメリカ合衆国との間の相互協力及び安全保障条約（以下「日米安保条約」という。）に従って武力攻撃を排除するために必要な行動が円滑かつ効果的に行われるために実施する物品、施設又は役務の提供その他の措置

(3) (1) 及び (2) に掲げるもののほか、外交上の措置その他の措置

ロ　武力攻撃から国民の生命、身体及び財産を保護するため、又は武力攻撃が国民生活及び国民経済に影響を及ぼす場合において当該影響が最小となるようにするために実施する次に掲げる措置

(1) 警報の発令、避難の指示、被災者の救助、施設及び設備の応急の復旧その他の措置

(2) 生活関連物資等の価格安定、配分その他の措置

(武力攻撃事態への対処に関する基本理念)

第三条　武力攻撃事態への対処においては、国、地方公共団体及び指定公共機関が、国民の協力を得つつ、相互に連携協力し、万全の措置が講じられなければならない。

2　事態が緊迫し、武力攻撃が予測されるに至った事態においては、武力攻撃の発生が回避されるようにしなければならない。

3　武力攻撃が発生した事態においては、武力攻撃を排除しつつ、その速やかな終結を図らなければならない。この場合において、武力の行使は、事態に応じ合理的に必要と判断される限度においてなされなければならない。

4　武力攻撃事態への対処においては、日本国憲法の保障する国民の自由と権利が尊重されなければならず、これに制限が加えられる場合は、その制限は武力攻撃事態に対処するため必要最小限のものであり、かつ、公正かつ適正な手続の下に行われなければならない。

5　武力攻撃事態への対処においては、日米安保条約に基づいてアメリカ合衆国と緊密に協力しつつ、国際連合を始めとする国際社会の理解及び協調的行動が得られるようにしなければならない。

(国の責務)

第四条　国は、我が国の平和と独立を守り、国及び国民の安全を保つため、武力攻撃事態において、我が国を防衛し、国土並びに国民の生命、身体及び財産を保護する固有の使命を有することから、前条の基本理念にのっとり、組織及び機能のすべてを挙げて、武力攻撃事態に対処するとともに、国全体として万全の措置が講じられるようにする責務を有する。

（地方公共団体の責務）

第五条　地方公共団体は、当該地方公共団体の地域並びに当該地方公共団体の住民の生命、身体及び財産を保護する使命を有することにかんがみ、国及び他の地方公共団体その他の機関と相互に協力し、武力攻撃事態への対処に関し、必要な措置を実施する責務を有する。

（指定公共機関の責務）

第六条　指定公共機関は、国及び地方公共団体その他の機関と相互に協力し、武力攻撃事態への対処に関し、その業務について、必要な措置を実施する責務を有する。

（国と地方公共団体との役割分担）

第七条　武力攻撃事態への対処の性格にかんがみ、国においては武力攻撃事態への対処に関する主要な役割を担い、地方公共団体においては武力攻撃事態における当該地方公共団体の住民の生命、身体及び財産の保護に関して、国の方針に基づく措置の実施その他適切な役割を担うことを基本とするものとする。

（国民の協力）

第八条　国民は、国及び国民の安全を確保することの重要性にかんがみ、指定行政機関、地方公共団体又は指定公共機関が対処措置を実施する際は、必要な協力をするよう努めるものとする。

第二章　武力攻撃事態への対処のための手続等

（対処基本方針）

第九条　政府は、武力攻撃事態に至ったときは、武力攻撃事態への対処に関する基本的な方針（以下「対処基本方針」という。）を定めるものとする。

2　対処基本方針に定める事項は、次のとおりとする。

一　武力攻撃事態の認定

二　武力攻撃事態への対処に関する全般的な方針

三　対処措置に関する重要事項

3　対処基本方針には、前項第三号に定める事項として、次に掲げる内閣総理大臣の承認を行う場合はその旨を記載しなければならない。

一　防衛庁長官が自衛隊法（昭和二十九年法律第百六十五号）第七十条第一項又は第八項の規定に基づき発する同条第一項第一号に定める防衛招集命令書による防衛招集命令に関して同項又は同条第八項の規定により内閣総理大臣が行う承認

二　防衛庁長官が自衛隊法第七十五条の四第一項又は第六項の規定に基づき発する同条第一項第一号に定める防衛招集命令書による防衛招集命令に関して同項又は同条第六項の規定により内閣総理大臣が行う承認

三　防衛庁長官が自衛隊法第七十七条の規定に基づき発する防衛出動待機命令に関して同条の規定により内閣総理大臣が行う承認

四　防衛庁長官が自衛隊法第七十七条の二の規定に基づき命ずる防御施設構築の措置に関して同条の規定により内閣総理大臣が行う承認

4　対処基本方針には、前項に定めるもののほか、第二項第三号に定める事項として、第一号に掲げる内閣総理大臣が行う国会の承認（衆議院が解散されているときは、日本国憲法第五十四条に規定する緊急集会による参議院の承認。以下この条において同じ。）の求めを行う場合にあってはその旨を、内閣総理大臣が第二号に掲げる防衛出動を命ずる場合にあってはその旨を記載しなければならない。ただし、同号に掲げる防衛出動を命ずる旨の記載は、特に緊急の必要があり事前に国会の承認を得るいとまがない場合でなければ、することができない。

一　内閣総理大臣が防衛出動を命ずることについての自衛隊法第七十六条第一項の規定に基づく国会の承認の求め

二　自衛隊法第七十六条第一項の規定に基づき内閣総理大臣が命ずる防衛出動

5　内閣総理大臣は、対処基本方針の案を作成し、閣議の決定を求めなければならない。

6　内閣総理大臣は、前項の閣議の決定があったときは、直ちに、対処基本方針（第四項第一号に規定する国会の承認の求めに関する部分を除く。）につき、国会の承認を求めなければならない。

7　内閣総理大臣は、第五項の閣議の決定があったときは、直ちに、対処基本方針を公示してその周知を図らなければならない。

8　内閣総理大臣は、第六項の規定に基づく対処基本方針の承認があったときは、直ちに、その旨を公示しなければならない。

9　第四項第一号に規定する防衛出動を命ずることについての承認の求めに係る国会の承認が得られたときは、対処基本方針を変更して、これに当該承認に係る防衛出動を命ずる旨を記載するものとする。

10　第六項の規定に基づく対処基本方針の承認の求めに対し、不承認の議決があったときは、当該議決に係る対処措置は、速やかに、終了されなければならない。この場合において、内閣総理大臣は、第四項第二号に規定する防衛出動を命じた自衛隊については、直ちに撤収を命じなければならない。

11　内閣総理大臣は、対処措置を実施するに当たり、対処基本方針に基づいて、内閣を代表して行政各部を指揮監督する。

12　第五項から第八項まで及び第十項の規定は、対処基本方針の変更について準用する。ただし、第九項の規定に基づく変更及び対処措置を構成する措置の終了を内容とする変更については、第六項、第八項及び第十項の規定は、この限りでない。

13　内閣総理大臣は、対処措置を実施する必要がなくなったと認めるときは、対処基本方針の廃止につき、閣議の決定を求めなければならない。

14　内閣総理大臣は、前項の閣議の決定があったときは、速やかに、対処基本方針が廃止された旨及び対処基本方針に定める対処措置の結果を国会に報告するとともに、これを公示しなければならない。

（対策本部の設置）

第十条　内閣総理大臣は、対処基本方針が定められたときは、当該対処基本方針に係る対処措置の実施を推進するため、内閣法（昭和二十二年法律第五号）第十二条第四項の規定にかかわらず、閣議にかけて、臨時に内閣に武力攻撃事態対策本部（以下「対策本部」という。）を設置するものとする。

2　内閣総理大臣は、対策本部を置いたときは、当該対策本部の名称並びに設置の場所及び期間を国会に報告するとともに、これを公示しなければならない。

（対策本部の組織）

第十一条　対策本部の長は、武力攻撃事態対策本部長（以下「対策本部長」という。）とし、内閣総理大臣（内閣総理大臣に事故があるときは、そのあらかじめ指名する国務大臣）をもって充てる。

２　対策本部長は、対策本部の事務を総括し、所部の職員を指揮監督する。

３　対策本部に、武力攻撃事態対策副本部長（以下「対策副本部長」という。）、武力攻撃事態対策本部員（以下「対策本部員」という。）その他の職員を置く。

４　対策副本部長は、国務大臣をもって充てる。

５　対策副本部長は、対策本部長を助け、対策本部長に事故があるときは、その職務を代理する。対策副本部長が二人以上置かれている場合にあっては、あらかじめ対策本部長が定めた順序で、その職務を代理する。

６　対策本部員は、対策本部長及び対策副本部長以外のすべての国務大臣をもって充てる。この場合において、国務大臣が不在のときは、そのあらかじめ指名する副大臣（内閣官房副長官又は法律で国務大臣をもってその長に充てることと定められている各庁の副長官を含む。）がその職務を代行することができる。

７　対策副本部長及び対策本部員以外の対策本部の職員は、内閣官房の職員、指定行政機関の長（国務大臣を除く。）その他の職員又は関係する指定地方行政機関の長その他の職員のうちから、内閣総理大臣が任命する。

（対策本部の所掌事務）

第十二条　対策本部は、次に掲げる事務をつかさどる。

一　指定行政機関、地方公共団体及び指定公共機関が実施する対処措置に関する対処基本方針に基づく総合的な推進に関すること。

二　前号に掲げるもののほか、法令の規定によりその権限に属する事務

（指定行政機関の長の権限の委任）

第十三条　指定行政機関の長（当該指定行政機関が内閣府設置法第四十九条第一項若しくは第二項若しくは国家行政組織法第三条第二項の委員会若しくは第二条第三号ロに掲げる機関又は同号ニに掲げる機関のうち合議制のものである場合にあっては、当該指定行政機関。次項において同じ。）は、対策本部が設置されたときは、対処措置を実施するため必要な権限の全部又は一部を当該対策本部の職員であ

る当該指定行政機関の職員又は当該指定地方行政機関の長若しくはその職員に委任することができる。

2　指定行政機関の長は、前項の規定による委任をしたときは、直ちに、その旨を公示しなければならない。

（対策本部長の権限）

第十四条　対策本部長は、対処措置を的確かつ迅速に実施するため必要があると認めるときは、対処基本方針に基づき、指定行政機関の長及び関係する指定地方行政機関の長並びに前条の規定により権限を委任された当該指定行政機関の職員及び当該指定地方行政機関の職員、関係する地方公共団体の長その他の執行機関並びに関係する指定公共機関に対し、指定行政機関、関係する地方公共団体及び関係する指定公共機関が実施する対処措置に関する総合調整を行うことができる。

2　前項の場合において、当該地方公共団体の長その他の執行機関及び指定公共機関（次条及び第十六条において「地方公共団体の長等」という。）は、当該地方公共団体又は指定公共機関が実施する対処措置に関して対策本部長が行う総合調整に関し、対策本部長に対して意見を申し出ることができる。

（内閣総理大臣の権限）

第十五条　内閣総理大臣は、国民の生命、身体若しくは財産の保護又は武力攻撃の排除に支障があり、特に必要があると認める場合であって、前条第一項の総合調整に基づく所要の対処措置が実施されないときは、対策本部長の求めに応じ、別に法律で定めるところにより、関係する地方公共団体の長等に対し、当該対処措置を実施すべきことを指示することができる。

2　内閣総理大臣は、次に掲げる場合において、対策本部長の求めに応じ、別に法律で定めるところにより、関係する地方公共団体の長等に通知した上で、自ら又は当該対処措置に係る事務を所掌する大臣を指揮し、当該地方公共団体又は指定公共機関が実施すべき当該対処措置を実施し、又は実施させることができる。

一　前項の指示に基づく所要の対処措置が実施されないとき。

二　国民の生命、身体若しくは財産の保護又は武力攻撃の排除に支障があり、特に必要があると認める場合であって、事態に照らし緊急を要すると認めるとき。

（損失に関する財政上の措置）

第十六条　政府は、第十四条第一項又は前条第一項の規定により、対処措置の実施に関し、関係する地方公共団体の長等に対する総合調整又は指示が行われた場合において、その総合調整又は指示に基づく措置の実施により当該地方公共団体又は指定公共機関が損失を受けたときは、その損失に関し、必要な財政上の措置を講ずるものとする。

（安全の確保）

第十七条　政府は、地方公共団体及び指定公共機関が実施する対処措置について、その内容に応じ、安全の確保に配慮しなければならない。

（国際連合安全保障理事会への報告）

第十八条　政府は、国際連合憲章第五十一条及び日米安保条約第五条第二項の規定に従って、武力攻撃の排除に当たって我が国が講じた措置について、直ちに国際連合安全保障理事会に報告しなければならない。

（対策本部の廃止）

第十九条　対策本部は、対処基本方針が廃止されたときに、廃止されるものとする。

2　内閣総理大臣は、対策本部が廃止されたときは、直ちに、その旨を公示しなければならない。

（主任の大臣）

第二十条　対策本部に係る事項については、内閣法にいう主任の大臣は、内閣総理大臣とする。

第三章　武力攻撃事態への対処に関する法制の整備

（事態対処法制の整備に関する基本方針）

第二十一条　政府は、第三条の基本理念にのっとり、武力攻撃事態への対処に関して必要となる法制（以下「事態対処法制」という。）の整備について、次条に定める措置を講ずるものとする。

2　事態対処法制は、国際的な武力紛争において適用される国際人道法の的確な実施が確保されたものでなければならない。

3　政府は、事態対処法制の整備に当たっては、対処措置について、その内容に応じ、安全の確保のために必要な措置を講ずるものとする。

4 政府は、事態対処法制の整備に当たっては、対処措置及び被害の復旧に関する措置が的確に実施されるよう必要な財政上の措置を講ずるものとする。

5 政府は、事態対処法制の整備に当たっては、武力攻撃事態への対処において国民の協力が得られるよう必要な措置を講ずるものとする。この場合においては、国民が協力をしたことにより受けた損失に関し、必要な財政上の措置を併せて講ずるものとする。

6 政府は、事態対処法制について国民の理解を得るために適切な措置を講ずるものとする。

(事態対処法制の整備)

第二十二条 政府は、事態対処法制の整備に当たっては、次に掲げる措置が適切かつ効果的に実施されるようにするものとする。

一 次に掲げる措置その他の武力攻撃から国民の生命、身体及び財産を保護するため、又は武力攻撃が国民生活及び国民経済に影響を及ぼす場合において当該影響が最小となるようにするための措置

イ 警報の発令、避難の指示、被災者の救助、消防等に関する措置

ロ 施設及び設備の応急の復旧に関する措置

ハ 保健衛生の確保及び社会秩序の維持に関する措置

ニ 輸送及び通信に関する措置

ホ 国民の生活の安定に関する措置

ヘ 被害の復旧に関する措置

二 武力攻撃を排除するために必要な自衛隊が実施する行動が円滑かつ効果的に実施されるための次に掲げる措置その他の武力攻撃事態を終結させるための措置(次号に掲げるものを除く。)

イ 捕虜の取扱いに関する措置

ロ 電波の利用その他通信に関する措置

ハ 船舶及び航空機の航行に関する措置

三 アメリカ合衆国の軍隊が実施する日米安保条約に従って武力攻撃を排除するために必要な行動が円滑かつ効果的に実施されるための措置

(事態対処法制の計画的整備)

第二十三条 政府は、事態対処法制の整備を総合的かつ計画的に実施しなければならない。

2　前項の事態対処法制の整備は、その緊要性にかんがみ、この法律の施行の日から二年以内を目標として実施するものとする。

第四章　補則

（その他の緊急事態対処のための措置）

第二十四条　政府は、我が国を取り巻く諸情勢の変化を踏まえ、我が国の平和と独立並びに国及び国民の安全の確保を図るため、武力攻撃事態以外の国及び国民の安全に重大な影響を及ぼす緊急事態への対処を迅速かつ的確に実施するために必要な施策を講ずるものとする。

附　則

この法律は、公布の日から施行する。

安全保障会議設置法の一部を改正する法律案

法案提出の理由

武力攻撃事態等への付処における安全保障会議の役割を明確にし、かつ、強化するため、内閣総理大臣の諮問事項を改めるとともに、議員の構成を見直し、常置の議員以外の国務大臣を議員として臨時に会議に参加させることができるようにすること等により、会議の機動的な運営を図ることとするほか、会議の審議及び意見具申に資するため、必要な事項に関する調査及び分析を行い、その結果に基づき、会議に進言する事態対処専門委員会を置く必要がある。これが、この法律案を提出する理由である。

第二条第一項第四号を次のように改める。

四　武力攻撃事態への対処に関する基本的な方針

第二条第一項中第五号を第六号とし、第四号の次に次の一号を加える。

五　内閣総理大臣が必要と認める武力攻撃事態への対処に関する重要事項

第二条第一項に次の一号を加える。

七　内閣総理大臣が必要と認める重大緊急事態（武力攻撃事態及び前号の規定により国防に関する重要事項としてその対処措置につき諮るべき事態以外の緊急事態であつて、我が国の安全に重大な影響を及ぼすおそれがあるもののうち、通常の緊急事態対処体制によつては適切に対処することが困難な事態をいう。以下同じ。）への対処に関する重要事項

第二条第二項を削り、同条第三項中「前二項」を「前項」に改め、同項を同条第二項とする。

第三条中「第五条各号」を「第五条第一項各号」に改め、「議員」の下に「（同条第二項の規定により臨時に会議に参加する議員を含む。）」を加える。

第五条中第七号を削り、第六号を第九号とし、第五号を第八号とし、第四号を第七号とし、第三号を第四号とし、同号の次に次の二号を加える。

五　経済産業大臣

六　国土交通大臣

第五条中第二号を第三号とし、第一号の次に次の一号を加える。

二　総務大臣

第五条に次の二項を加える。

2　議長は、必要があると認めるときは、前項に掲げる者のほか、同項に掲げる国務大臣以外の国務大臣を、議案を限つて、議員として、臨時に会議に参加させることができる。

3　議長は、前二項の規定にかかわらず、第二条第一項第四号から第七号までに掲げる事項（同項第六号に掲げる事項については、その対処措置につき諮るべき事態に係るものに限る。第八条第二項において同じ。）に関し、事態の分析及び評価について特に集中して審議する必要があると認める場合は、第一項第一号、第三号及び第六号から第九号までに掲げる議員によつて事案について審議を行うことができる。ただし、その他の第一項又は第二項に規定する議員を審議に参加させるべき特別の必要がある

と認めるときは、これらの議員を、臨時に当該審議に参加させることを妨げない。

第七条の見出しを「(関係者の出席)」に改め、同条中「、関係の国務大臣」を削る。

第十一条を第十二条とし、第八条から第十条までを一条ずつ繰り下げ、第七条の次に次の一条を加える。

(事態対処専門委員会)

第八条　会議に、事態対処専門委員会(以下「委員会」という。)を置く。

2　委員会は、第二条第一項第四号から第七号までに掲げる事項の審議及びこれらの事項に係る同条第二項の意見具申を迅速かつ的確に実施するため、必要な事項に関する調査及び分析を行い、その結果に基づき、会議に進言する。

3　委員会は、委員長及び委員をもつて組織する。

4　委員長は、内閣官房長官をもつて充てる。

5　委員は、内閣官房及び関係行政機関の職員のうちから、内閣総理大臣が任命する。

附　則

この法律は、公布の日から施行する。

自衛隊法及び防衛庁の職員の給与等に関する法律の一部を改正する法律(案)

法案提出の理由

我が国の平和と独立を守り、国の安全を保つため、防衛出動を命ぜられた自衛隊がその任務をより有効かつ円滑に遂行し得るよう、防衛出動時及び防衛出動下令前における所要の行動及び権限に関する規定を整備し、並びに損失補償の手続等を整備するとともに、関係法律の適用について所要の特例規定を設けるほか、武力攻撃事態に至ったときの対処基本方針に係る国会承認等の手続が新設されることに伴い、防衛出動命令の手続について所要の整備を行い、併せて防衛出動を命ぜられた職員に対する防衛出動手当の支給、災害補償その他給与に関し必要な特別の措置を定める必要がある。これが、この法律案を提出する理由である。

第一条　自衛隊法（昭和二十九年法律第百六十五号）の一部を次のように改正する。

目次中「第九章　罰則（第百十八条－第百二十三条）」を「第九章　罰則（第百十八条－第百二十六条）」に改める。

■第七十六条第一項中「わが国」を「我が国」に改め、「、国会の承認（衆議院が解散されているときは、日本国憲法第五十四条に規定する緊急集会による参議院の承認。以下本項及び次項において同じ。）を得て」を削り、同項ただし書を削り、同項に後段として次のように加える。

この場合においては、武力攻撃事態における我が国の平和と独立並びに国及び国民の安全の確保に関する法律（平成十四年法律第▼▼▼号）第九条の定めるところにより、国会の承認を得なければならない。

■第七十六条第二項を削り、同条第三項中「前項の場合において不承認の議決があつたとき、又は」を削り、同項を同条第二項とする。

■第七十七条の次に次の一条を加える。

（防御施設構築の措置）

第七十七条の二　長官は、事態が緊迫し、第七十六条第一項の規定による防衛出動命令が発せられることが予測される場合において、同項の規定により出動を命ぜられた自衛隊の部隊を展開させることが見込まれ、かつ、防備をあらかじめ強化しておく必要があると認める地域（以下「展開予定地域」という。）があるときは、内閣総理大臣の承認を得た上、その範囲を定めて、自衛隊の部隊等に当該展開予定地域内において陣地その他の防御のための施設（以下「防御施設」という。）を構築する措置を命ずることができる。

第八十六条中「第七十六条第一項」の下に「、第七十七条の二」を加える。

■第九十二条の二を第九十二条の四とし、第九十二条の次に次の二条を加える。

（防衛出動時の緊急通行）

第九十二条の二　第七十六条第一項の規定により出動を命ぜられた自衛隊の自衛官は、当該自衛隊の行動に係る地域内を緊急に移動する場合において、通行に支障がある場所をう回するため必要があるときは、一般交通の用に供しない通路又は公共の用に供しない空地若しくは水面を通行することができる。この場合において、当該通行のために損害を受けた者から損失の補償の要求があるときは、政令で定めるところにより、その損失を補償するものとする。

（展開予定地域内における武器の使用）

第九十二条の三　第七十七条の二の規定による措置の職務に従事する自衛官は、展開予定地域内において当該職務を行うに際し、自己又は自己と共に当該職務に従事する隊員の生命又は身体の防護のためやむを得ない必要があると認める相当の理由がある場合には、その事態に応じ合理的に必要と判断される限度で武器を使用することができる。ただし、刑法第三十六条又は第三十七条に該当する場合のほか、人に危害を与えてはならない。

第百三条第二項中「基き」を「基づき」に改め、「、前項の規定の例により」を削り、同条第三項を次のように改める。

3　前二項の規定により土地を使用する場合において、当該土地の上にある立木その他土地に定着する物件（家屋を除く。以下「立木等」という。）が自衛隊の任務遂行の妨げとなると認められるときは、都道府県知事（第一項ただし書の場合にあつては、同項ただし書の長官又は政令で定める者。次項、第七項、第十三項及び第十四項において同じ。）は、第一項の規定の例により、当該立木等を移転することができる。この場合において、事態に照らし移転が著しく困難であると認めるときは、同項の規定の例により、当該立木等を処分することができる。

■第百三条第六項中「又は第二項」を「から第四項まで」に改め、同項を同条第十八項とし、同条第五項中「前四項」を「前各項」に、「第七十六条第一項の規定により自衛隊が出動を命ぜられた場合における施設の管理、土地等の使用、物資の保管命令、物資の収用又は業務従事命令」を「第一項から第四項までの規定による処分」に改め、同項を同条第十七項とし、同条中第四項を第五項とし、同項の次に次の十一項を加える。

6　第一項本文又は第二項の規定による処分の対象となる施設、土地等又は物資を第七十六条第一項の規定により出動を命ぜられた自衛隊の用に供するため必要な事項は、都道府県知事と当該処分を要請した者とが協議して定める。

7　第一項から第四項までの規定による処分を行う場合には、都道府県知事は、政令で定めるところにより公用令書を交付して行わなければならない。ただし、土地の使用に際して公用令書を交付すべき相手方の所在が知れない場合その他の政令で定める場合にあつては、政令で定めるところにより事後に交付すれば足りる。

8　前項の公用令書には、次に掲げる事項を記載しなければならない。

一　公用令書の交付を受ける者の氏名（法人にあつては、名称）及び住所

二　当該処分の根拠となつたこの法律の規定

三　次に掲げる処分の区分に応じ、それぞれ次に定める事項

イ　施設の管理　管理する施設の所在する場所及び管理する期間

ロ　土地又は家屋の使用　使用する土地又は家屋の所在する場所及び使用する期間

ハ　物資の使用　使用する物資の種類、数量、所在する場所及び使用する期間

ニ　取扱物資の保管命令　保管すべき物資の種類、数量、保管すべき場所及び期間

ホ　物資の収用　収用する物資の種類、数量、所在する場所及び収用する期日

ヘ　業務従事命令　従事すべき業務、場所及び期間

ト　立木等の移転又は処分　移転し、又は処分する立木等の種類、数量及び所在する場所

チ　家屋の形状の変更　家屋の所在する場所及び変更の内容

四　当該処分を行う理由

9　前二項に定めるもののほか、公用令書の様式その他公用令書について必要な事項は、政令で定める。

10　都道府県（第一項ただし書の場合にあつては、国）は、第一項から第四項までの規定による処分

（第二項の規定による業務従事命令を除く。）が行われたときは、当該処分により通常生ずべき損失を補償しなければならない。

11　都道府県は、第二項の規定による業務従事命令により業務に従事した者に対して、政令で定める基準に従い、その実費を弁償しなければならない。

12　都道府県は、第二項の規定による業務従事命令により業務に従事した者がそのため死亡し、負傷し、若しくは疾病にかかり、又は障害の状態となつたときは、政令で定めるところにより、その者又はその者の遺族若しくは被扶養者がこれらの原因によつて受ける損害を補償しなければならない。

13　都道府県知事は、第一項又は第二項の規定により施設を管理し、土地等を使用し、取扱物資の保管を命じ、又は物資を収用するため必要があるときは、その職員に施設、土地、家屋若しくは物資の所在する場所又は取扱物資を保管させる場所に立ち入り、当該施設、土地、家屋又は物資の状況を検査させることができる。

14　都道府県知事は、第一項又は第二項の規定により取扱物資を保管させたときは、保管を命じた者に対し必要な報告を求め、又はその職員に当該物資を保管させてある場所に立ち入り、当該物資の保管の状況を検査させることができる。

15　前二項の規定により立入検査をする場合には、あらかじめその旨をその場所の管理者に通知しなければならない。

16　第十三項又は第十四項の規定により立入検査をする職員は、その身分を示す証明書を携帯し、関係者の請求があつたときは、これを提示しなければならない。

■第百三条第三項の次に次の一項を加える。

4　第一項の規定により家屋を使用する場合において、自衛隊の任務遂行上やむを得ない必要があると認められるときは、都道府県知事は、同項の規定の例により、その必要な限度において、当該家屋の形状を変更することができる。

■第百三条に次の一項を加える。

19　第一項から第四項まで、第六項、第七項及び第十項から第十五項までの規定の実施に要する費用は、国庫の負担とする。

■第百三条の次に次の一条を加える。

（展開予定地域内の土地の使用等）

第百三条の二　第七十七条の二の規定による措置を命ぜられた自衛隊の部隊等の任務遂行上必要があると認められるときは、都道府県知事は、展開予定地域内において、長官又は政令で定める者の要請に基づき、土地を使用することができる。

２　前項の規定により土地を使用する場合において、立木等が自衛隊の任務遂行の妨げとなると認められるときは、都道府県知事は、同項の規定の例により、当該立木等を移転することができる。この場合において、事態に照らし移転が著しく困難であると認めるときは、同項の規定の例により、当該立木等を処分することができる。

３　前条第七項から第十項まで及び第十七項から第十九項までの規定は前二項の規定により土地を使用し、又は立木等を移転し、若しくは処分する場合について、同条第六項、第十三項、第十五項及び第十六項の規定は第一項の規定により土地を使用する場合について準用する。この場合において、前条第六項中「第七十六条第一項の規定により出動を命ぜられた自衛隊」とあるのは、「第七十七条の二の規定による措置を命ぜられた自衛隊の部隊等」と読み替えるものとする。

４　第一項の規定により土地を使用している場合において、第七十六条第一項の規定により自衛隊が出動を命ぜられ、当該土地が前条第一項又は第二項の規定の適用を受ける地域に含まれることとなつたときは、前三項の規定により都道府県知事がした処分、手続その他の行為は、前条の規定によりした処分、手続その他の行為とみなす。

■第百十五条の二に次の二項を加える。

３　消防法第十七条の規定は、第七十六条第一項の規定により出動を命ぜられ、又は第七十七条の二の規定による措置を命ぜられた自衛隊の部隊等が応急措置として新築、増築、改築、移転、修繕又は模様替の工事を行つた同法第十七条第一項の防火対象物で政令で定めるものについては、第七十六条第二項若しくは武力攻撃事態における我が国の平和と独立並びに国及び国民の安全の確保に関する法律第九条第十項後段の規定による撤収（以下第百十五条の十七までにおいて単に「撤収」という。）を命ぜられ、又は第七十七条の二の規定による命令が解除されるまでの間は、適用しない。

4　長官は、前項の規定にかかわらず、同項に規定する防火対象物について、消防の用に供する設備、消防用水及び消火活動上必要な施設の設置及び維持に関する基準を定め、その他当該防火対象物における災害を防止し、公共の安全を確保するため必要な措置を講じなければならない。

■第百十六条に次の一項を加える。

2　前項の部隊が第七十六条第一項の規定により出動を命ぜられた場合における麻薬及び向精神薬取締法の規定の適用については、前項後段に規定するもののほか、当該部隊が撤収を命ぜられるまでの間は、当該部隊の医師又は歯科医師は、麻薬施用者とみなす。

■第百十六条を第百十五条の三とし、同条の次に次の十八条を加える。

（墓地、埋葬等に関する法律の適用除外）

第百十五条の四　墓地、埋葬等に関する法律（昭和二十三年法律第四十八号）第四条及び第五条第一項の規定は、第七十六条第一項の規定により出動を命ぜられた自衛隊の隊員が死亡した場合におけるその死体の埋葬及び火葬については、適用しない。

（医療法の適用除外等）

第百十五条の五　医療法（昭和二十三年法律第二百五号）の規定は、第七十六条第一項の規定により出動を命ぜられ、又は第七十七条の規定により出動待機命令を受けた自衛隊の部隊等が臨時に開設する医療を行うための施設については、適用しない。

2　前項の医療を行うための施設は、医師法（昭和二十三年法律第二百一号）第二十四条第二項、歯科医師法（昭和二十三年法律第二百二号）第二十三条第二項、診療放射線技師法（昭和二十六年法律第二百二十六号）第二十六条第二項、歯科技工士法（昭和三十年法律第百六十八号）第二条第三項ただし書及び第十八条ただし書、採血及び供血あっせん業取締法（昭和三十一年法律第百六十号）第四条第一項ただし書、臨床検査技師、衛生検査技師等に関する法律（昭和三十三年法律第七十六号）第二十条の三第一項、薬事法（昭和三十五年法律第百四十五号）第二条第五項ただし書、第二十六条第三項、第四十六条第二項及び第四十九条第一項ただし書、薬剤師法（昭和三十五年法律第百四十六号）第二十二条ただし書並びに救急救命士法（平成三年法律第三十六号）第二条第一項及び第四十四条第二項ただし書の規定の適用についてはこれらの規定に規定する病院と、麻薬及び向精神薬取締法第五十条の十六第一項第一号及び第二項の規定の適用については同条に規定する病院等とみなす。

（漁港漁場整備法の特例）

第百十五条の六　第七十六条第一項の規定により出動を命ぜられ、又は第七十七条の二の規定による措置を命ぜられた自衛隊の部隊等が漁港漁場整備法（昭和二十五年法律第百三十七号）第三十九条第一項の規定により許可を要する行為をしようとする場合における同条第四項の規定の適用については、撤収を命ぜられ、又は第七十七条の二の規定による命令が解除されるまでの間は、同法第三十九条第四項中「協議する」とあるのは、「その旨を通知する」とする。

２　前項の規定により読み替えられた漁港漁場整備法第三十九条第四項の通知を受けた漁港管理者は、漁港の保全上必要があると認めるときは、当該通知をした部隊等の長に対し意見を述べることができる。

（建築基準法の特例）

第百十五条の七　第七十六条第一項の規定により出動を命ぜられ、又は第七十七条の二の規定による措置を命ぜられた自衛隊の部隊等が行う破損した建築物の応急の修繕又は応急仮設建築物の建築については、建築基準法（昭和二十五年法律第二百一号）第八十五条第一項本文及び第三項の規定を準用する。この場合において、同項中「その建築工事を完了した後三月をこえて」とあるのは「自衛隊法（昭和二十九年法律第百六十五号）第七十六条第二項若しくは武力攻撃事態における我が国の平和と独立並びに国及び国民の安全の確保に関する法律（平成十四年法律第▼▼▼号）第九条第十項後段の規定による撤収を命ぜられ、又は自衛隊法第七十七条の二の規定による命令が解除された後においても」と、「特定行政庁の許可」とあるのは「当該撤収の命令又は命令の解除があつた後、速やかに特定行政庁に申請し、その許可」と読み替えるものとする。

（港湾法の特例）

第百十五条の八　第七十六条第一項の規定により出動を命ぜられ、又は第七十七条の二の規定による措置を命ぜられた自衛隊の部隊等が港湾法（昭和二十五年法律第二百十八号）第三十七条第一項又は第五十六条第一項の規定により許可を要する行為をしようとする場合における同法第三十七条第三項（同法第五十六条第三項において準用する場合を含む。以下この条において同じ。）の規定の適用については、撤収を命ぜられ、又は第七十七条の二の規定による命令が解除されるまでの間は、同法第三十七条第三項中「とあるのは「港湾管理者と協議し」と、前項中「許可をし」とあるのは「協議に応じ」」とあるのは、「とあるのは、「あらかじめ、その旨を港湾管理者に通知し」」とする。

2　前項に規定する自衛隊の部隊等が応急措置として行う防御施設の構築その他の行為であつて港湾法第三十八条の二第一項の規定により届出を要するものをしようとする場合における同条第九項の規定の適用については、同項中「同項の規定による届出の例により」とあり、及び「第四項の規定による届出の例により」とあるのは、「あらかじめ」とする。

3　前二項の規定により読み替えられた港湾法第三十七条第三項又は第三十八条の二第九項の通知を受けた港湾管理者又は都道府県知事は、港湾の利用又は保全上必要があると認めるときは、当該通知に係る部隊等の長に対し意見を述べることができる。

4　港湾法第四十条第一項の規定は、第一項に規定する自衛隊の部隊等が応急措置として行う防御施設の構築その他の行為については、適用しない。

（土地収用法の適用除外）

第百十五条の九　土地収用法（昭和二十六年法律第二百十九号）第二十八条の三第一項（同法第百三十八条第一項において準用する場合を含む。）の規定は、第七十六条第一項の規定により出動を命ぜられ、又は第七十七条の二の規定による措置を命ぜられた自衛隊の部隊等が応急措置として行う防御施設の構築その他の行為については、適用しない。

（森林法の特例）

第百十五条の十　第七十六条第一項の規定により出動を命ぜられ、又は第七十七条の二の規定による措置を命ぜられた自衛隊の部隊等が応急措置として行う森林法（昭和二十六年法律第二百四十九号）第十条の八第一項の規定により届出を要する立木の伐採に対する同項の規定の適用については、同項中

「伐採するには、農林水産省令で定める手続に従い、あらかじめ」とあるのは「伐採したときは」と、「森林の所在場所、伐採面積、伐採方法、伐採齢、伐採後の造林の方法、期間及び樹種その他農林水産省令で定める事項を記載した伐採及び伐採後の造林の届出書を提出しなければ」とあるのは「その旨を通知しなければ」とする。

2　森林法第三十一条の規定は、前項に規定する自衛隊の部隊等が応急措置として行う防御施設の構築その他の行為については、適用しない。

3　第一項に規定する自衛隊の部隊等が応急措置として行う防御施設の構築その他の行為であつて森林法第三十四条第一項又は第二項の規定により許可を要するものをしようとするときは、これらの規定にかかわらず、あらかじめ都道府県知事にその旨を通知することをもつて足りる。

4　前項の通知を受けた都道府県知事は、保安林の保全上必要があると認めるときは、当該通知をした部隊等の長に対し意見を述べることができる。

（道路法の特例）

第百十五条の十一　第七十六条第一項の規定により出動を命ぜられた自衛隊の部隊等が、破損し、又は欠壊している道路を通行するために応急措置として行う道路に関する工事については、道路法（昭和二十七年法律第百八十号）第二十四条の規定にかかわらず、同条本文の承認を受けることを要しない。この場合において、当該部隊等の長は、当該道路に関する工事の概要を着手後速やかに当該承認の権限を有する者に通知しなければならない。

2　前項前段に規定する自衛隊の部隊等が行う道路の占用に対する道路法第三十五条の規定の適用については、撤収を命ぜられるまでの間は、同条中「道路管理者に協議し、その同意を得れば」とあるのは、「同条第一項又は第三項の許可の権限を有する者にあらかじめ同条第二項各号に掲げる事項を通知すれば」とする。

3　道路法第九十一条第一項の規定は、第七十六条第一項の規定により出動を命ぜられ、又は第七十七条の二の規定による措置を命ぜられた自衛隊の部隊等が応急措置として行う防御施設の構築その他の行為については、適用しない。

4　前項に規定する自衛隊の部隊等が行う道路予

定区域の占用に対する道路法第九十一条第二項において準用する同法第三十五条の規定の適用については、撤収を命ぜられ、又は第七十七条の二の規定による命令が解除されるまでの間は、同法第九十一条第二項において準用する同法第三十五条中「道路管理者に協議し、その同意を得れば」とあるのは、「第九十一条第二項において準用する第三十二条第一項又は第三項の許可の権限を有する者にあらかじめ同条第二項各号に掲げる事項を通知すれば」とする。

5　第二項の規定により読み替えられた道路法第三十五条又は前項の規定により読み替えられた同法第九十一条第二項において準用する同法第三十五条の通知を受けた者は、道路の管理上必要があると認めるときは、当該通知に係る部隊等の長に対し意見を述べることができる。

（土地区画整理法の適用除外）

第百十五条の十二　土地区画整理法（昭和二十九年法律第百十九号）第七十六条第一項の規定は、第七十六条第一項の規定により出動を命ぜられ、又は第七十七条の二の規定による措置を命ぜられた自衛隊の部隊等が応急措置として行う防御施設の構築その他の行為については、適用しない。

（都市公園法の特例）

第百十五条の十三　第七十六条第一項の規定により出動を命ぜられ、又は第七十七条の二の規定による措置を命ぜられた自衛隊の部隊等が行う都市公園又は公園予定地の占用に対する都市公園法（昭和三十一年法律第七十九号）第九条（同法第二十三条第三項において準用する場合を含む。以下この条において同じ。）の規定の適用については、撤収を命ぜられ、又は第七十七条の二の規定による命令が解除されるまでの間は、同法第九条中「第七条各号に掲げる工作物」とあるのは「工作物」と、「と公園管理者との協議が成立すること」とあるのは「があらかじめ公園管理者に占用の目的、占用の期間、占用の場所及び工作物その他の物件又は施設の構造を通知すること」とする。この場合において、同法第十一条（同法第二十三条第三項において準用する場合を含む。）の規定は、適用しない。

2　前項の規定により読み替えられた都市公園法第九条の通知を受けた公園管理者は、都市公園の管理上必要があると認めるときは、当該通知に係る部隊等の長に対し意見を述べることができる。

3　都市公園法第十八条の規定に基づく条例の規定は、第七十六条第一項の規定により出動を命ぜられ、又は第七十七条の二の規定による措置を命ぜられた自衛隊の部隊等が応急措置として行う防御施設の構築その他の行為については、適用しない。

（海岸法の特例）

第百十五条の十四　第七十六条第一項の規定により出動を命ぜられ、又は第七十七条の二の規定による措置を命ぜられた自衛隊の部隊等が海岸法（昭和三十一年法律第百一号）第七条第一項、第八条第一項、第三十七条の四又は第三十七条の五の規定により許可を要する行為をしようとする場合における同法第十条第二項（同法第三十七条の八において準用する場合を含む。以下この条において同じ。）の規定の適用については、撤収を命ぜられ、又は第七十七条の二の規定による命令が解除されるまでの間は、同法第十条第二項中「協議する」とあるのは、「その旨を通知する」とする。

2　前項の規定により読み替えられた海岸法第十条第二項の通知を受けた海岸管理者は、海岸の保全上必要があると認めるときは、当該通知に係る部隊等の長に対し意見を述べることができる。

（自然公園法の特例）

第百十五条の十五　第七十六条第一項の規定により出動を命ぜられ、又は第七十七条の二の規定による措置を命ぜられた自衛隊の部隊等が応急措置として行う防御施設の構築その他の行為であつて自然公園法（昭和三十二年法律第百六十一号）第十七条第三項、第十八条第三項、第十八条の二第三項又は第二十条第一項の規定により許可又は届出を要するものをしようとする場合における同法第四十条の規定の適用については、同条第一項中「協議しなければ」とあるのは「その旨を通知しなければ」と、同条第三項中「これらの規定による届出の例により」とあるのは「あらかじめ」とする。

2　前項の規定により読み替えられた自然公園法第四十条第一項又は第三項の通知を受けた環境大臣又は都道府県知事は、自然公園の保護上必要があると認めるときは、当該通知をした部隊等の長に対し意見を述べることができる。

3　第一項に規定する自衛隊の部隊等が応急措置として行う防御施設の構築その他の行為が自然公園法第四十二条第一項の規定に基づく条例の規定により許可又は届出を要することとされる場合における当該条例の規定の適用については、前二項の規定の例による。

（道路交通法の特例）

第百十五条の十六　第七十六条第一項の規定により出動を命ぜられた自衛隊の部隊等が応急措置として行う防御施設の構築その他の行為であつて道路交通法（昭和三十五年法律第百五号）第七十七条第一項の規定により許可を要するものに対する同項の規定の適用については、撤収を命ぜられるまでの間は、同項中「の許可（当該行為に係る場所が同一の公安委員会の管理に属する二以上の警察署長の管轄にわたるときは、そのいずれかの所轄警察署長の許可。以下この節において同じ。）を受けなければならない」とあるのは、「にあらかじめ当該行為の概要を通知しなければならない。この場合において、当該行為に係る場所が同一の公安委員会の管理に属する二以上の警察署長の管轄にわたるときは、そのいずれかの所轄警察署長に通知すれば足りる」とする。

2　前項の規定により読み替えられた道路交通法第七十七条第一項の通知を受けた警察署長は、道路における危険を防止し、その他交通の安全と円滑を図るため必要があると認めるときは、当該通知をした部隊等の長に対し意見を述べることができる。

3　第七十六条第一項の規定による防衛出動命令又は第七十七条の規定による出動待機命令を受けた隊員が受けている都道府県公安委員会の運転免許に係る運転免許証の有効期間及びその更新については、道路交通法第九十二条の二第一項から第三項まで及び第百一条第一項の規定にかかわらず、政令で特別の定めをすることができる。

（河川法の特例）

第百十五条の十七　第七十六条第一項の規定により出動を命ぜられ、又は第七十七条の二の規定による措置を命ぜられた自衛隊の部隊等が河川法（昭和三十九年法律第百六十七号）第二十三条から第二十五条まで、第二十六条第一項、第二十七条第一項、第五十五条第一項、第五十七条第一項、第五十八条の四第一項又は第五十八条の六第一項の規定により許可を要する行為（同法第二十七条第四項に規定する一定の河川区域内の土地における土地の掘削、盛土又は切土を除く。）をしようとする場合における同法第九十五条（同法第百条第一項において準用する場合を含む。以下この条において同じ。）の規定の適用については、撤収を命ぜられ、又は第七十七条の二の規定による命令が解除されるまでの間は、同法第九十五条中「国と河川管理者との協議が成立することをもつて、これらの規定による許可又は承認があつたものとみなす」とあるのは、「これらの規定にかかわらず、国があらかじめ河川管理者に当該行為をしようとする旨を通知することをもつて足りる」とする。

2　前項の規定により読み替えられた河川法第九十五条の通知を受けた河川管理者は、河川の管理上必要があると認めるときは、当該通知に係る部隊等の長に対し意見を述べることができる。

（首都圏近郊緑地保全法の適用除外）

第百十五条の十八　首都圏近郊緑地保全法（昭和四十一年法律第百一号）第八条第一項及び第三項の規定は、第七十六条第一項の規定により出動を命ぜられ、又は第七十七条の二の規定による措置を命ぜられた自衛隊の部隊等が応急措置として行う防御施設の構築その他の行為については、適用しない。

（近畿圏の保全区域の整備に関する法律の適用除外）

第百十五条の十九　近畿圏の保全区域の整備に関する法律（昭和四十二年法律第百三号）第九条第一項及び第三項の規定は、第七十六条第一項の規定により出動を命ぜられ、又は第七十七条の二の規定による措置を命ぜられた自衛隊の部隊等が応急措置として行う防御施設の構築その他の行為については、適用しない。

（都市計画法の適用除外）

第百十五条の二十　都市計画法（昭和四十三年法律第百号）第四十二条第一項、第五十二条の二第一項（同法第五十七条の三第一項において準用する場合を含む。）、第五十三条第一項及び第六十五条第一項の規定は、第七十六条第一項の規定により出動を命ぜられ、又は第七十七条の二の規定による措置を命ぜられた自衛隊の部隊等が応急措置として行う防御施設の構築その他の行為については、適用しない。

2　都市計画法第五十八条第一項の規定に基づく

条例の規定は、前項に規定する自衛隊の部隊等が応急措置として行う防御施設の構築その他の行為については、適用しない。

(都市緑地保全法の特例)

第百十五条の二十一　第七十六条第一項の規定により出動を命ぜられ、又は第七十七条の二の規定による措置を命ぜられた自衛隊の部隊等が応急措置として行う防御施設の構築その他の行為であつて都市緑地保全法(昭和四十八年法律第七十二号)第五条第一項の規定により許可を要するものをしようとする場合における同条第八項後段の規定の適用については、同項後段中「協議しなければ」とあるのは、「その旨を通知しなければ」とする。

2　前項の規定により読み替えられた都市緑地保全法第五条第八項の通知を受けた都道府県知事は、緑地の保全上必要があると認めるときは、当該通知をした部隊等の長に対し意見を述べることができる。

■第百十六条の二を第百十六条とし、第百十六条の三第二項中「ととのえる」を「調える」に改め、同条を第百十六条の二とする。

■第百十六条の四中「及び第二項並びに」を「から第四項まで、第六項、第七項及び第十項から第十五項まで、第百三条の二、」に、「第百三条第三項において準用する災害救助法第二十三条の二第二項及び第三項、第二十三条の三、第二十四条第五項並びに第二十九条」を「第百十五条の十第四項」に、「事務は」を「事務(第百十五条の十第四項の規定により処理することとされているもののうち民有林に係るものにあつては、森林法第二十五条第一項第一号から第三号までに掲げる目的を達成するための指定に係る保安林に関するものに限る。)は」に改め、同条を第百十六条の三とする。

■本則に次の三条を加える。

第百二十四条　第百三条第十三項(第百三条の二第三項において準用する場合を含む。)又は第十四項の規定による立入検査を拒み、妨げ、若しくは忌避し、又は同項の規定による報告をせず、若しくは虚偽の報告をした者は、二十万円以下の罰金に処する。

第百二十五条　第百三条第一項又は第二項の規定による取扱物資の保管命令に違反して当該物資を隠匿し、毀棄し、又は搬出した者は、六月以下の懲役又は三十万円以下の罰金に処する。

第百二十六条　法人の代表者又は法人若しくは人の代理人、使用人その他の従業員が、その法人又は人の業務に関し前二条の違反行為をしたときは、行為者を罰するほか、その法人又は人に対しても、各本条の罰金刑を科する。

第二条　防衛庁の職員の給与等に関する法律（昭和二十七年法律第二百六十六号）**の一部を次のように改正する。**

■第三条第一項中「以下「出動」」を「第十二条第二項において「出動」」に改める。

■第十五条を次のように改める。

（防衛出動手当）

第十五条　自衛隊法第七十六条第一項の規定による出動（以下「防衛出動」という。）を命ぜられた職員（政令で定めるものを除く。）には、この条の定めるところにより、防衛出動手当を支給する。

2　防衛出動手当の種類は、防衛出動基本手当及び防衛出動特別勤務手当とする。

3　防衛出動基本手当は、防衛出動時における勤労の強度、勤務時間、勤労環境その他の勤労条件及び勤務の危険性、困難性その他の著しい特殊性に応じて支給するものとする。

4　防衛出動特別勤務手当は、防衛出動時における戦闘又はこれに準ずる勤務の著しい危険性に応じて支給するものとする。

5　防衛出動基本手当が支給される職員には、第十四条第一項の規定にかかわらず、単身赴任手当、超過勤務手当、休日給、夜勤手当、宿日直手当及び管理職員特別勤務手当は、支給しない。

6　第十四条第二項において準用する一般職給与法第十一条の九第一項第三号の規定の適用については、防衛出動を命ぜられた日の前日において同号の規定に該当していた職員で、前項の規定の適用がないとしたならば同日後も引き続き単身赴任手当の支給要件を具備することとなるものは、防衛出動手当を支給されている間、同号の規定に該当するものとみなす。

7　前各項に定めるもののほか、防衛出動基本手当及び防衛出動特別勤務手当の額その他防衛出動手当の支給に関し必要な事項は、政令で定める。

■第二十七条第二項中「単身赴任手当及び管理職員

特別勤務手当」を「単身赴任手当、管理職員特別勤務手当及び防衛出動手当」に、「宿日直手当、管理職員特別勤務手当」を「宿日直手当及び管理職員特別勤務手当及び防衛出動手当」に、「航空手当」を「特殊勤務手当、特地勤務手当、管理職員特別勤務手当、防衛出動手当、航空手当」に、「、営外手当」を「及び営外手当」に改め、「、特殊勤務手当、特地勤務手当及び管理職員特別勤務手当」を削る。

■第三十条を削り、第三十条の二を第三十条とする。

附　則

（施行期日）

1　この法律は、公布の日から施行する。ただし、次の各号に掲げる規定は、それぞれ当該各号に定める日から施行する。

一　第一条中自衛隊法本則に三条を加える改正規定　公布の日から起算して三月を経過した日

二　附則第三項の規定　自然公園法の一部を改正する法律（平成十四年法律第▼▼▼号）の公布の日又はこの法律の公布の日のいずれか遅い日

三　附則第四項の規定　薬事法及び採血及び供血あつせん業取締法の一部を改正する法律（平成十四年法律第▼▼▼号）の公布の日又はこの法律の公布の日のいずれか遅い日

（地方自治法の一部改正）

2　地方自治法（昭和二十二年法律第六十七号）の一部を次のように改正する。

別表第一自衛隊法（昭和二十九年法律第百六十五号）の項中「及び第二項並びに」を「から第四項まで、第六項、第七項及び第十項から第十五項まで、第百三条の二、」に、「第百三条第三項において準用する災害救助法第二十三条の二第二項及び第三項、第二十三条の三、第二十四条第五項並びに第二十九条」を「第百十五条の十第四項」に、「事務」を「事務（第百十五条の十第四項の規定により処理することとされているもののうち民有林に係るものにあつては、森林法第二十五条第一項第一号から第三号までに掲げる目的を達成するための指定に係る保安林に関するものに限る。）」に改める。

（自然公園法の一部を改正する法律の一部改正）

3　自然公園法の一部を改正する法律の一部を次のように改正する。

附則中第八条を第九条とし、第七条を第八条とし、第六条を第七条とし、第五条の次に次の一条を加える。

（自衛隊法の一部改正）

第六条　自衛隊法（昭和二十九年法律第百六十五号）の一部を次のように改正する。

第百十五条の十五第一項中「第十七条第三項、第十八条第三項、第十八条の二第三項又は第二十条第一項」を「第十三条第三項、第十四条第三項、第二十四条第三項又は第二十六条第一項」に、「第四十条」を「第十五条第三項ただし書又は第五十六条」に、「同条第一項」を「同法第十五条第三項第一号中「第五十六条第一項後段の規定による協議」とあるのは「自衛隊法（昭和二十九年法律第百六十五号）第百十五条の十五第一項の規定により読み替えられた第五十六条第一項後段の規定による通知」と、同法第五十六条第一項」に改め、同条第二項中「第四十条第一項又は第三項」を「第五十六条第一項又は第三項」に改め、同条第三項中「第四十二条第一項」を「第六十条第一項」に改める。

（薬事法及び採血及び供血あつせん業取締法の一部を改正する法律の一部改正）

4　薬事法及び採血及び供血あつせん業取締法の一部を改正する法律の一部を次のように改正する。

附則第一条第一号中「及び第二十四条」を「、第二十条（自衛隊法（昭和二十九年法律第百六十五号）第百十五条の五第二項の改正規定中「採血及び供血あつせん業取締法（昭和三十一年法律第百六十号）第四条第一項ただし書」を「安全な血液製剤の安定供給の確保等に関する法律（昭和三十一年法律第百六十号）第十三条第一項ただし書」に改める部分に限る。）及び第二十五条」に改める。

附則中第二十四条を第二十五条とし、第二十条から第二十三条までを一条ずつ繰り下げ、第十九条の次に次の一条を加える。

（自衛隊法の一部改正）

第二十条　自衛隊法の一部を次のように改正する。

第百十五条の五第二項中「採血及び供血あつせん業取締法（昭和三十一年法律第百六十号）第四条第一項ただし書」を「安全な血液製剤の安定供給の確保等に関する法律（昭和三十一年法律第百六十号）第十三条第一項ただし書」に、「薬事法（昭和三十五年法律第百四十五号）第二条第五項ただし書」を「薬事法（昭和三十五年法律第百四十五号）第二条第十一項ただし書」に改める。

梅田 正己（うめだ・まさき）

編集者。1936年、佐賀県に生まれる。1972年、仲間とともに高文研を設立。教育関係のほか、軍事・平和問題、憲法、沖縄問題などの書籍の編集を手がけてきた。高文研代表。
著書：『この国のゆくえ』（岩波ジュニア新書）『「市民の時代」の教育を求めて』『若い市民のためのパンセ』『新版・考える高校生』『新編・愛と性の十字路』（以上、高文研）
共著書：『差別と戦争を見る眼』『国家秘密法は何を狙うか』『沖縄修学旅行第２版』（すべて高文研）
日本ジャーナリスト会議会員

有事法制か、平和憲法か

●二〇〇二年 五 月二五日――――第一刷発行

著　者／梅田 正己

発行所／株式会社 高文研
東京都千代田区猿楽町二－一－八
三恵ビル（〒一〇一＝〇〇六四）
電話　03＝3295＝3415
振替　00160＝6＝18956
http://www.koubunken.co.jp

組版／高文研電算室

印刷・製本／精文堂印刷株式会社

★万一、乱丁・落丁があったときは、送料当方負担でお取りかえいたします。

ISBN4-87498-286-7 C0036